装配式混凝土建筑施工技能培训丛书

丛书主编 王 俊

装配式混凝土建筑预制构件安装

罗玲丽 主 编

陈 旭 韩亚明 副主编

U0172392

中国建筑工业出版社

图书在版编目（CIP）数据

装配式混凝土建筑预制构件安装/罗玲丽主编. —
北京：中国建筑工业出版社，2021.12
（装配式混凝土建筑施工技能培训丛书/王俊主编
）
ISBN 978-7-112-26718-7

Ⅰ.①装… Ⅱ.①罗… Ⅲ.①装配式混凝土结构-装
配式构件-建筑安装-技术培训-教材 Ⅳ.①TU37

中国版本图书馆 CIP 数据核字（2021）第 211450 号

本书以现行装配式混凝土建筑相关规范标准为依据，详细介绍了装配式混凝土建筑预
制构件安装技术要点和方法。全书共 11 章，包括：装配式混凝土建筑概述，吊装机械设
备及吊索具，预制构件进场验收，预制构件运输与堆放，预制构件安装前的准备，预制构
件安装临时支撑，预制混凝土构件安装，预制构件安装与其他施工作业配合，预制构件安
装质量验收，预制构件安装常见问题及防治措施，预制构件安装从业人员要求。全书配有
大量施工图表，图文并茂，通俗易懂，内容丰富，是一本关于预制构件安装较为全面，系
统规范的指导书。

本书适合装配式建筑施工从业人员培训学习使用，也可作为建筑施工相关专业教学参
考资料。

责任编辑：高　悦　王砾瑶
责任校对：李美娜

装配式混凝土建筑施工技能培训丛书
丛书主编　王　俊
装配式混凝土建筑预制构件安装
罗玲丽　主　编
陈　旭　韩亚明　副主编

*

中国建筑工业出版社出版、发行（北京海淀三里河路 9 号）
各地新华书店、建筑书店经销
霸州市顺浩图文科技发展有限公司制版
北京同文印刷有限责任公司印刷

*

开本：787 毫米×1092 毫米　1/16　印张：13¼　字数：322 千字
2022 年 1 月第一版　　2022 年 1 月第一次印刷
定价：**49.00** 元
ISBN 978-7-112-26718-7
（38512）

编　委　会

丛书主编：王　俊

本书主编：罗玲丽

本书副主编：陈　旭　韩亚明

本书参编：樊蕾雷　常斯嘉　曹刘坤

作 者 简 介

（排名不分先后）

罗玲丽　女　教授级高工　一级注册建造师　注册造价工程师

本书主编。上海市装配式建筑专家，上海危大工程评审专家，上海绿色施工评审专家，上海建设工程评标专家。从事建筑施工技术二十余年，在深基坑施工、高层建筑施工、高架道路施工、绿色施工、装配式建筑等方面都有较深入的研究和实践。主持和参与50 余个重大工程项目技术策划、攻关，主持和参与科研项目 30 余项。主编行业标准 2 项，参加上海地方标准编写 2 项，团体标准 1 项。获国家级工法 2 项，省市级工法 8 项；获国家知识产权专利 20 余项，其中 5 项发明专利。发表科技论文十余篇。多次担任中国技能大赛上海赛区装配式混凝土结构灌浆连接、构件安装项目裁判。

陈　旭　男　现任上海兴邦建筑技术有限公司　工程技术总监

本书副主编。从事建筑施工行业二十余年，致力于研究装配式建筑施工技术，完成数十项装配式项目施工方案策划与现场指导，建筑类型涵盖住宅、办公楼、地铁车站、仓储物流等。担任上海装配式建筑高技能人才培养基地实训教师与技能考评员，参与设计了多款实操教具，参与培训教材、考核标准等编制工作。多次担任装配式混凝土项目施工技能竞赛上海赛区的裁判。

韩亚明　男　现任上海建工五建集团有限公司　技术管理部副经理

本书副主编。主要从事装配式建筑建造研究，负责项目深化设计对接、前期策划、BIM 技术应用等工作，具有较为丰富的装配式建筑建造方面的实际经验。参与多项省部级、企业相关课题和标准研究，授权专利 20 余项，省部级工法 4 项，编撰著作 3 本。

樊蕾雷　男　现任中交浚浦建筑科技（上海）有限公司　建筑工业化事业部总经理

高级工程师。长期专注于建筑工业化领域装配式建筑的研究，有丰富的构件生产及现场安装技术和管理经验。先后参与 20 余个项目的构件生产、套筒灌浆及构件安装技术指导工作，作为装配式建筑项目全过程咨询负责人参与多个重点项目的技术及管理工作。获装配式建筑相关发明专利 2 项，及多项实用新型专利。

常斯嘉　男　现任中交浚浦建筑科技（上海）有限公司　横沙研发生产基地厂长

高级工程师，上海市装配式建筑先进个人。从事装配式建筑施工管理工作十余年，先后参与了 4 项装配式建筑专项职业能力项目的研究与开发，参加了多项装配式建筑课题、专利及工程标准的编写，并荣获数项装配式建筑的相关专利。

曹刘坤　男　现任上海雷恩昆美新材料科技有限公司　总经理助理
长期从事装配式建筑建造技术研究工作，参与多项课题、专利、工程标准编写，其中省部级/企业级课题 8 项，获得相关专业技术成果 14 项，授权专利 3 项，荣获上海市第三届"装配式建筑先进个人"称号。

丛书前言

近些年，在各级层面的政策措施积极推动下，装配式建筑呈现快速发展趋势。2020年全国装配式建筑新开工面积 6.3 亿 m²，其中装配式混凝土建筑达 4.3 亿 m²，占比约 68%。装配式混凝土建筑与传统现浇建筑相比，设计方法、建造方式、产业结构、技术标准等都有很大变化，并由此衍生一系列新兴岗位。构件安装、灌浆连接、防水打胶是装配式混凝土建筑特有的施工工种，对于一线作业人员的要求不仅是体力劳作，还需掌握一定的理论知识，手上更要有过硬的技术本领，这是保障装配式建筑质量与安全的必要条件。

建筑工人队伍从过去的农民工向高素质、高技能、专业性更强的产业工人转变，建设知识型、技能型、创新型劳动者大军，加快建筑产业工人队伍建设，加速施工一线人员技能水平提升的工作迫在眉睫。

在这样的背景下，近些年我花费较多精力投入到装配式建筑施工一线人员的技能培训工作中，积极推动组织行业培训和劳动技能竞赛。在业内同仁们的共同关心下，依托上海市建设协会的行业资源，以及上海兴邦和中交浚浦的大力支持，2017 年起参与上海装配式建筑高技能人才培养基地建设，开发了钢筋套筒灌浆连接、预制混凝土构件安装、装配式建筑接缝防水的三项专项职业能力培训课程，并邀请行业内有着丰富工作经验的专业人士担任理论讲师和实操教师。

这次组织十多位作者共同编写的是一套系列丛书，共包含三本：《装配式混凝土建筑预制构件安装》《装配式混凝土建筑钢筋套筒灌浆连接》《装配式混凝土建筑密封防水》。丛书的内容以反映施工实操为主，面向读者群体多为施工一线工作者，通过平白直叙的表述，再配以大量实景图片，让读者在阅读时容易理解其中含义。在邀约各册主编、副主编和编者时，要求既有丰富的理论知识，又有充足的从业经验。而这样的专业人士实属难得，他们均在企业中担任重要岗位，平时大都工作繁忙，但听闻要为行业贡献自己的所学所知和专业经验时，纷纷响应加盟，这让我很是感动！在推动装配式建筑发展的行业中，有这样一群热心奉献的志同道合者，何事不可成？丛书编写历经一年半，编者们利用业余时间，放下各种事务而专注写作，力求呈献至臻完美的作品。我和他们一起讨论策划、思想碰撞，一起熬夜改稿校审，在我的职业生涯中能有幸与他们相处共事，是我终生铭记和值得骄傲的经历。

构件安装分册的主编罗玲丽女士，有着二十多年建筑施工从业经历，经验非常丰富。在 2018 年和 2019 年上海装配式施工技能竞赛中，她分别担任套筒灌浆连接和构件安装项目的裁判，是建筑施工行业中为数不多的巾帼专家。

灌浆连接分册的主编李检保先生，是上海同济大学结构防灾减灾工程系结构工程专业副研究员，是上海最早从事装配式建筑技术研究者之一，参编了行业多部相关标准。他很早就关注和研究钢筋套筒灌浆连接的技术原理、材料性能等，还做了大量试验，积累了很多数据和宝贵经验。

密封防水分册的主编朱卫如先生，长期从事建筑防水工作，曾任北京东方雨虹防水技术股份有限公司的副总工程师，有着丰富的密封防水设计、材料及施工方面的经验。他经常出入防水工程施工一线，探究出现问题的原因和解决措施，积累了大量的一线素材。

三位主编们与其他诸位作者一起，将自己积累的经验融汇到本书中，自我苛求一遍一遍地不断修改和完善书稿，为行业提供了一份不可多得的宝贵参考资料。

本套丛书的出版也响应了国家提出大力培养建筑人才的目标，为装配式建筑施工行业加快培养和输送中高级技术工人，弘扬工匠精神，营造重视技能和尊重技能人才的良好氛围，逐步形成装配式施工技能人才培养的长效机制，推动建筑业转型升级和装配式建筑可持续地健康发展。

丛书主编　王　俊
2021 年 7 月

前　言

近年来，装配式建筑在我国得到了快速发展。相对于传统的现浇形式，装配式建筑有着独特的建造特点和难点，各施工工艺之间的关联度、各专业配合度要求都较高，对施工从业人员的理论基础知识和专业技能也提出了更高的要求。

加强施工从业人员对装配式建筑的了解，提高预制构件安装作业人员的技能水平，培养专业化程度较高的产业工人，是装配式建筑健康持续发展的有力保障。

预制构件安装施工人员，除接受实操技能培训外，还应具备系统的理论基础知识，在具备基本识图能力情况下，了解装配式结构体系，熟悉各类预制构件及其构造，熟悉现行质量验收标准，按施工图要求做好自查自检。

预制构件安装施工人员应熟悉各类预制构件吊运、装卸、堆放和临时支撑要求，了解吊装机械设备及吊索具性能，并具备根据预制构件类型正确选用吊索具的技能，掌握吊索具保养要求和检修方法。在熟悉装配式建筑施工组织流程基础上，熟练掌握预制构件吊装方法和安装工序，并能有效配合现浇部分有序施工，确保预制构件与现浇部分形成整体。通过了解预制构件安装常见问题及预防措施，学习构件安装实例，提高现场施工时解决问题的能力及应变能力。

本书在编写过程中，借鉴了大量装配式建筑设计、施工实践经验，系统介绍了预制构件安装的相关理论知识和安装要点。在介绍预制构件类型及特点的基础上，重点阐述了预制构件进场检验、吊运、堆放、安装及验收，以及预制构件与现浇连接施工配合等内容，并对从业人员的职业素养和健康安全等进行了阐述。本书以现行装配式建筑相关规范、规程、标准为编写依据，阐述了装配式施工技术要点和施工方法。全书配有大量实际施工照片，图文并茂、通俗易懂，是一本关于预制构件安装较为全面、系统、规范的指导书，适合装配式建筑施工从业人员培训学习之用，可以帮助作业人员和现场技术人员熟悉和掌握相关操作技能，成为专业知识丰富、实操能力强、施工规范的职业化从业人员。

随着装配式建筑进一步发展，预制构件类型会越来越多，预制构件安装的施工方法、工具等也会随之发展变化，作业人员需要与时俱进，通过学习不断提升自身技能。

本书为"装配式混凝土建筑施工技能培训丛书"的其中一册，在丛书主编王俊的指导下，编写组通过广泛调研、共同商讨、认真策划、仔细编写，历时一年有余，顺利出版。本书第1、3、4章主要由樊蕾雷与常斯嘉编写，第2、7章主要由陈旭编写，第5、9章主要由罗玲丽编写，第6、8、11章主要由韩亚明与曹刘坤编写，第10章主要由罗玲丽、韩亚明和曹刘坤编写。在此，非常感谢丛书主编王俊及本书各位作者们的辛勤付出和共同努力。在曹刘坤、韩亚明的大力协助下，作为本书主编，我多次进行全书统稿，并反复斟酌，力求更好地表述预制构件安装相关知识点，为行业提供一本有实用价值和指导意义的书籍。即便如此，也难免存在不足之处，敬请同行技术人员批评指正！

诚挚鸣谢下列单位为本书提供的支持与帮助（排名不分先后）：

上海市建设协会住宅产业化与建筑工业化促进中心

上海建工四建集团有限公司

上海建工五建集团有限公司

中交浚浦建筑科技（上海）有限公司

上海兴邦建筑技术有限公司

上海雷恩昆美新材料科技有限公司

上海砼邦建设工程有限公司

特别感谢上海霖澧建设工程有限公司许建法先生为本书拍摄配套实操视频提供大力支持！

本书主编　罗玲丽

2021 年 6 月

目　　录

第1章

装配式混凝土建筑概述

1.1 装配式混凝土结构体系

装配式混凝土结构体系包括装配式混凝土剪力墙结构体系、装配式混凝土框架结构体系、装配式混凝土框架-剪力墙结构体系、装配式预应力混凝土框架结构体系等。各种结构体系的选择可根据具体工程的高度、平面、体型、抗震等级、设防烈度及功能特点来确定。

（1）装配式混凝土剪力墙结构体系

装配式混凝土剪力墙结构体系是指工程主要受力构件全部或部分由预制混凝土剪力墙构件组成的装配式混凝土结构。预制构件主要包括预制剪力墙、预制叠合梁、预制叠合楼板、预制楼梯和预制阳台等。

该体系工业化程度高，房间空间完整，几乎无梁柱外露，适用于住宅、旅馆等小开间建筑。

（2）装配式混凝土框架结构体系

装配式混凝土框架结构体系是指混凝土结构全部或部分采用预制柱或预制梁、叠合板等构件，竖向受力构件之间通过套筒灌浆等形式连接，水平受力构件之间通过套筒灌浆或后浇混凝土等形式连接，节点部位通过后浇或叠合方式形成可靠传力机制，并满足承载力和变形要求的结构形式。

该体系工业化程度高，内部空间自由度好，可以形成大空间，满足室内多功能变化的需求，适用于办公楼、酒店、商务公寓、学校、医院等建筑。

（3）装配式混凝土框架-剪力墙结构体系

装配式混凝土框架-剪力墙结构体系是由框架与剪力墙组合而成的装配式结构体系，将混凝土预制柱、预制梁、预制叠合板等在工厂加工制作后运至施工现场，通过套筒灌浆或现浇混凝土等方法装配形成整体的混凝土结构形式。

该体系工业化程度高，内部空间自由度较好，适用于高层、超高层的商用与民用建筑。

（4）装配式预应力混凝土框架结构体系

装配式预应力混凝土框架结构体系是指包括混凝土预制构件、后张有粘结预应力的混凝土框架结构形式。其梁、柱、板等主要受力构件均在工厂加工完成，预制构件运至施工现场吊装就位后，将预应力筋穿过梁柱预留孔道，对其实施预应力张拉预压后灌浆，构成整体受力节点和连续受力框架。

该体系在提升承载力的同时，能有效节约材料，可实现大跨度并最大限度满足建筑功能和空间布局。预应力框架的整体性及抗震性能较佳，有良好的延性和变形恢复能力，有利于震后建筑物的修复。

在装配式预应力混凝土框架结构体系中，装配式预应力双 T 板结构体系应用较为广泛，其梁、板结合的预制钢筋混凝土承载构件，由宽大的面板和两根窄而高的肋组成。其面板既是横向承重结构，又是纵向承重肋的受压区。在单层、多层和高层建筑中，双 T 板可以直接搁置在框架梁或承重墙上作为楼层或屋盖结构。预应力双 T 板跨度可达 20m 以上，如用高强度轻质混凝土则可达 30m 以上。

1.2 装配式建筑案例

水族塔大厦由 Studio Gang 设计，共 82 层，面积约 18 万 m^2，外观由玻璃幕墙和水波形的阳台组成，使用的混凝土预制构件主要包括：叠合楼板、楼梯、外墙、阳台等（图 1-1）。

图 1-1　水族塔大厦

悉尼歌剧院是悉尼市地标建筑物，由丹麦建筑师约恩·伍重设计，是一座由上方贝壳形屋顶与下方剧院、厅室结合的水上综合建筑。悉尼歌剧院是澳大利亚的地标建筑，也是 20 世纪最具特色的建筑之一，使用的预制件主要包括叠合楼板、钢构梁柱以及混凝土外挂幕墙板，预制构件数量为 2194 块，其中弯曲形混凝土预制构件每块重 15.3t（图 1-2）。

国家体育场又被称为鸟巢，是北京奥运会主体育场，建筑面积 127625m²，屋顶采用钢结构覆盖双层膜结构，场内所有看台及踏步均采用预制清水混凝土技术，首排看台采用双阶整体预制，预制看台数量达 100000 座（图 1-3）。

长沙梅溪湖国际文化艺术中心位于长沙市梅溪湖畔，建筑面积达 11.5 万 m^2，结构主体为钢结构，外围护采用 GRC 预制板、玻璃幕墙组成，整个建筑 GRC 面积达 7 万 m^2，且多为双曲板（图 1-4）。

图 1-2　悉尼歌剧院

图 1-3　国家体育场

图 1-4　长沙梅溪湖国际文化艺术中心

1.3　装配式混凝土建筑设计与识图

1.3.1　装配式混凝土建筑图纸简介

装配式建筑专项设计，简称 PC 深化设计，设计内容一般包括总则、设计说明书、预制构件布置图、节点详图、构件加工图、施工装配图、金属件加工图、构件计算书和材料统计表等。

（1）设计说明书，包括设计要求、预制构件生产要求和预制构件施工要求。

（2）预制构件布置图，需表示一整栋建筑的预制构件范围、预制构件名称、预制构件间及主体结构间连接的详细做法。

（3）节点详图设计，需要将各个专业的细部构造做法及尺寸清晰表达出来，方便制作、施工。

（4）构件加工图，是构件生产的主要技术依据，一般包含十二项内容：外视图、内视图、仰视图、俯视图、侧视图、剖面图、配筋图、细部大样图、预埋件一览表、钢筋明细表、三维模型图及索引平面图。

（5）装配图，是预制构件进行现场施工的重要依据，是将每块构件按其相互间的位置关系拼接组装而成的施工图纸。

（6）金属件加工图，是将金属件的形状、规格和尺寸绘制成三视图，并对材质和表面处理要求配以文字说明，供生产加工使用的设计图。

（7）构件计算书，是对项目中的典型构件进行相关计算。

（8）材料统计表，是设计人员对项目涉及的材料用量进行相关统计，一般包括构件总量及混凝土总方量、构件生产用相关金属件总量、窗数量及尺寸等。

1.3.2　装配式混凝土建筑节点简介

装配式混凝土结构中节点现浇连接，是指在预制构件吊装完成后，预制构件之间的节点经钢筋绑扎或焊接，然后通过支模浇筑混凝土，实现装配式结构等同现浇结构的一种施工工艺。按照建筑结构体系的不同，其节点的构造要求和施工工艺也有所不同。现浇连接节点主要包括：梁柱节点、叠合梁板节点、叠合阳台、空调板节点、湿式预制墙板节点等（表1-1）。

装配式混凝土建筑节点类型及连接方式　　　　　表 1-1

连接节点	连接方式	
梁-柱的连接	干式连接：牛腿连接、榫式连接、钢板连接、螺栓连接、焊接连接、企口连接、机械套筒连接等	湿式连接：现浇连接、浆锚连接、预应力技术的整浇连接、普通后浇整体式连接、灌浆拼装等
叠合楼板-叠合楼板的连接	干式连接：预制楼板与预制楼板之间设调整缝	湿式连接：预制楼板与预制楼板之间设后浇带
叠合楼板-梁（或叠合梁）的连接	板端与梁边搭接，板边预留钢筋，叠合层整体浇筑	
预制墙板与主体结构的连接	外挂式：预制外墙上部与梁连接，侧边和底边作限位连接	
	侧连式：预制外墙上部与梁连接，墙侧边与柱或剪力墙连接，墙底边与梁仅作限位连接	
预制剪力墙与预制剪力墙的连接	浆锚连接、灌浆套筒连接、螺栓连接等	
预制阳台-梁（或叠合梁）的连接	阳台预留钢筋与梁整体浇筑	
预制楼梯与主体结构的连接	一端设置固定铰，另一端设置滑动铰	
预制空调板-梁（或叠合梁）的连接	预制空调板预留钢筋与梁整体浇筑	

节点现浇连接构造应按设计图纸的要求进行施工，才能具有足够的抗弯、抗剪、抗震性能，才能保证结构的整体性以及安全性。

预制构件现浇节点的施工注意事项如下：

（1）现浇节点的连接在预制侧接触面上应按设计要求设置粗糙面、键槽等。

（2）混凝土浇筑量小，需考虑模板和构件的吸水影响。浇筑前要清扫浇筑部位，清除杂质，用水湿润模板和构件的接触部位，但模板内不应有积水。

（3）在混凝土浇筑过程中，为使混凝土填充到节点的每个角落，确保混凝土充填密实，混凝土灌入后需采取有效的振捣措施，但不宜使用振动幅度大的振捣装置。

（4）冬期施工时为防止现浇混凝土受冻，应对混凝土进行保温养护。

（5）对清水混凝土工程及装饰混凝土工程，应使用能达到设计效果的模板。

（6）现浇混凝土应达到一定强度后方可拆除底部模板（表 1-2）。

可拆除底模强度表 表 1-2

构件类型	构件跨度（m）	应达到设计混凝土立方体抗压强度标准值的百分率（%）
板	≤2	≥50
	>2,≤8	≥75
	>8	≥100
梁、拱、壳	≤8	≥75
	>8	≥100
悬臂构件	—	≥100

（7）固定在模板上的预埋件、预留孔、预留洞均不得遗漏，且应安装精确、牢固，其偏差应符合表 1-3 的规定。检查中心线位置时，应沿纵、横两个方向测量，并取其中较大值。

预埋件、预留孔、预留洞允许偏差范围 表 1-3

项目		允许偏差（mm）
预埋钢板中心线位置		3
预埋管、预留中心线位置		3
插筋	中心线位置	5
	外露长度	+10,0
预埋螺栓	中心线位置	2
	外露长度	+10,0
预留洞	中心线位置	10
	尺寸	+10,0

1.4 装配式混凝土建筑预制构件类型

1. 预制梁

预制混凝土梁在工厂预制完成，包括全预制梁和预制叠合梁两种形式（图 1-5）。由于结构连接的需要，预制梁在端部需要留置锚筋；叠合梁箍筋可采用整体封闭箍筋或组合式封闭箍筋。组合式封闭箍筋是指 U 形上开口箍筋和 Π 形下开口箍筋，共同组合形成的封闭箍筋。

2. 预制柱

预制混凝土柱主体在工厂预制，为了结构连接的需要，需在端部留置钢筋，底部根据连接形式预埋钢套筒、金属波纹管或螺栓孔等，现场吊装完成后进行灌浆连接、螺栓连接等（图1-6）。

图1-5　预制叠合梁　　　　　　　　　　　图1-6　预制柱

3. 预制混凝土楼板

预制混凝土楼板包括预制实心混凝土板、预制混凝土叠合板等（图1-7）。预制混凝土叠合板常见形式有桁架钢筋混凝土叠合板、预应力混凝土叠合板、预制实心平底板混凝土叠合板、预制带肋底板混凝土叠合板和预制空心底板混凝土叠合板等。

4. 预制混凝土阳台

预制阳台通常包括叠合板式阳台、全预制板式阳台和全预制梁式阳台（图1-8）。预

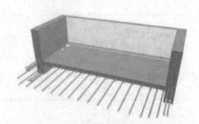

图1-7　预制叠合楼板　　　　　　　　　　图1-8　预制阳台

制阳台板能够克服现浇阳台的缺点，解决了阳台支模复杂，现场高空作业费时费力的问题，还能避免在施工过程中，由于工人踩踏使阳台楼板上部的受力筋被踩到下面，从而导致阳台拆模后下垂的质量通病。

5. 预制混凝土楼梯

预制混凝土楼梯按其构造方式可分为梁承式、墙承式和墙悬臂式等类型（图1-9）。目前常用预制楼梯为预制钢筋混凝土板式双跑楼梯和剪刀楼梯。其在工厂预制完成，在现场进行吊装。预制楼梯具有以下优点：

（1）预制楼梯安装后可作为施工通道。

（2）预制楼梯受力明确，地震时支座不会受弯破坏，保证了逃生通道。同时，楼梯不会对梁柱造成伤害。

6. 预制凸窗

预制凸窗即将飘窗外侧的上翻线条与凸窗板分别或整体预制，并预留两侧钢筋便于结构连接，板底钢筋锚入叠合板或叠合梁中（图1-10）。

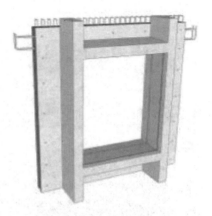

图1-9 预制楼梯

图1-10 预制凸窗

7. 预制墙板

预制混凝土墙板种类包括预制混凝土实心剪力墙板、预制混凝土夹心保温墙板、预制混凝土填充墙板、预制混凝土外挂墙板等（图1-11、图1-12）。

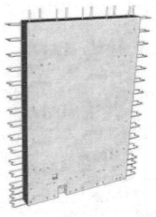

图 1-11　带窗的预制墙板　　　　　　　　图 1-12　预制墙板

8. 预应力空心板

预应力空心板是一种混凝土预应力结构构件，该产品具有节能、隔声、抗震、阻燃等多种优点，常用于多、高层住宅，商业，办公和工业建筑物等（图1-13）。

9. 预应力混凝土双 T 板

预应力双 T 板结构体系应用较为广泛，其梁、板结合的预制钢筋混凝土承载构件由宽大的面板和两根窄而高的肋组成。其面板既是横向承重结构，又是纵向承重肋的受压区。在单层、多层和高层建筑中，双 T 板可以直接搁置在框架梁或承重墙上作为楼层或屋盖结构。预应力双 T 板的标准长度有 8.1m、8.4m、8.7m、9.0m、9.3m、9.6m、9.9m、10.2m、11m、12m、13m、14m、15m、16m、17m、18m、21m、24m、27m、30m 等，也可根据工程设计需要调整制作长度（图1-14）。

10. 预制双面叠合墙

预制双面叠合墙沿厚度方向分为三层，内外层预制，中间层现浇，通过桁架钢筋连接。预制混凝土板与上下层通过内部钢筋网锚筋进行连接（图 1-15）。

图 1-13　预应力空心板

图 1-14　预应力混凝土双 T 板

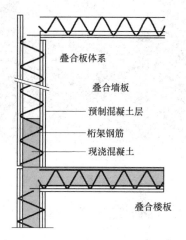

图 1-15　预制双面叠合墙

1.5　特殊工艺预制构件

（1）造型混凝土构件，如图 1-16 所示。

图 1-16　造型混凝土构件

（2）露骨料构件，如图 1-17 所示。

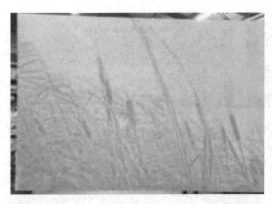

图 1-17　露骨料构件

（3）面砖反打构件，如图 1-18 所示。

图 1-18　面砖反打工艺

（4）石材反打构件，如图 1-19 所示。

（5）外保温反打构件，如图 1-20 所示。

（6）夹心保温预制构件，如图 1-21 所示。

（7）门窗一体化构件，如图 1-22 所示。

图 1-19　石材反打工艺

图 1-20　外保温反打工艺

图 1-21　夹心保温工艺

图 1-22 门窗一体化工艺

第**2**章

吊装机械设备及吊索具

2.1 预制构件吊装机械性能及选用

施工现场预制构件吊装设备一般选用塔式起重机、汽车式起重机及履带吊等吊装机械。

（1）塔式起重机：覆盖范围较广、垂直吊运距离高，前期投入较大，比较适用于高层建筑。

（2）汽车式起重机：灵活多变，进出场方便，多用于低层或多层民用建筑，也可用于预制构件卸车。

（3）履带吊车：相对于同规格的汽车式起重机起重能力更强，吊装时不需伸出支腿，吊装效率较高。履带吊不能直接行驶在市政道路上，每次进场都需平板车运输部件并进行组装，比较适用于成片区的低层预制厂房吊装施工。

2.1.1 塔式起重机的性能及选用

装配式混凝土预制构件重量较大，一般重 3～6t，需配备重型塔式起重机进行吊装运输，常用的塔式起重机型号有 TC6515、TC7020、TC7030 等。

塔式起重机的选型应满足预制构件最大起重量及最远吊距的要求，预制构件起吊时应考虑起吊构件重量 1.5 倍的动力系数。

起重机械设备应按施工方案配置，其使用应符合相关规定，使用的起重机械设备需具有备案证明和自检合格证明，以及安装使用说明书。塔式起重机在使用时，应具有检测合格证和使用证。

两台塔式起重机之间应保证最小安全距离，低位起重机的臂架端部与另一台起重机的塔身之间，至少保持有 2m 的距离；高位起重机与低位起重机之间在任何情况下间隙不得小于 2m；两台同高度的塔式起重机，其起重臂端部之间的安全距离不应小于 4m。两台塔式起重机同时作业时，其吊物间距不应小于 2m。

预制构件起吊前应进行试吊，做到慢慢起钩（减少动力冲击），重物离地面 20～50cm 时稍停，检查吊索具及吊车制动系统没问题后方可继续起升。当挂好钢丝绳索，起吊钢丝绳绷紧时，操作人员要立即远离被吊物；禁止构件做快速回转等动作。回转速度过快会造成构件就位困难、塔式起重机扭矩过大以及重物的离心力过大等问题。

图 2-1 所示为某工程项目采用的 TC7030 塔式起重机，每栋楼布置一台塔式起重机。

图 2-1　某装配式住宅项目塔式起重机布置

塔式起重机设置于构件堆场在一侧，便于吊车司机观察控制吊装工况；塔式起重机臂长 45m，确保构件堆场及构件安装部位都在吊装范围内，且满足构件起吊重量及吊装动力系数要求。表 2-1 为 TC7030 塔式起重机不同长度起重臂起重性能参考表。

TC7030 塔式起重机起重特性表　　　　　　　　　　　　　　　　表 2-1

45m 臂起重性能特性							
幅度(m)		3～25.1	28	30	33	35	40	45
起重量 (t)	二倍率	6.00						
	四倍率	12.00	10.58	9.76	8.73	8.14	6.93	6.00
50m 臂起重性能特性							
幅度(m)		3～20	24.6	25	28	30	33	35
起重量 (t)	二倍率	6.00						
	四倍率	12.00	12.00	11.81	10.35	9.55	8.53	7.96
幅度(m)		38	40	43	45	48	50	
起重量 (t)	二倍率	6.00	6.00	6.00	6.00	5.57	5.30	
	四倍率	7.21	6.77	6.20	5.86	5.40	5.13	
55m 臂起重性能特性							
幅度(m)		3～20	24.2	25	28	30	33	35
起重量 (t)	二倍率	6.00						
	四倍率	12.00	12.00	11.56	10.14	9.35	8.35	7.79
幅度(m)		38	40	43	45	48	50	53	55
起重量 (t)	二倍率	6.00	6.00	6.00	5.90	5.45	5.18	4.82	4.60
	四倍率	7.05	6.62	6.06	5.73	5.28	5.01	4.65	4.43

2.1.2　汽车式起重机的性能及选用

汽车式起重机性能灵活多变，进出场方便，一般用于低层或多层民用建筑吊装施工，也可用于预制构件的装卸吊运等，配合塔式起重机以提高施工效率。

汽车式起重机吊装时需伸出支腿，以确保车体稳定，每次移动位置需用较长时间，构件吊装施工时，在满足构件吊装顺序的情况下，应尽量减少移动次数，以提高吊装效率。

汽车式起重机的选用除了满足预制构件最大起重量及最远吊距的要求外，还应考虑吊钩及吊具的重量，以及构件起吊时构件重量 1.5 倍的动力系数。

常用于预制构件吊装的汽车式起重机规格有 25t、50t、80t 等。

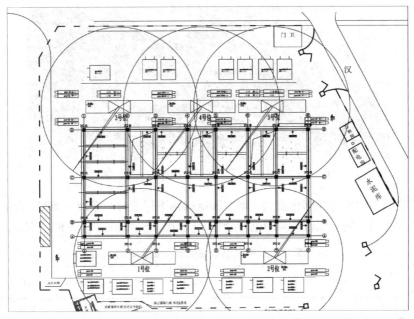

图 2-2 某预制框架项目汽车式起重机平面布置图

为满足吊机幅度及吊装重量要求需移动汽车式起重机位置，保证汽车式起重机有效覆盖预制构件的堆放位置及安装位置。图 2-2 中所示有 5 台汽车式起重机停车位及 5 个圆形吊装幅度范围线，预制梁等构件堆放及安装位置都在相应的圆形吊装幅度范围之内。每次移动车位后伸腿及加设垫木需占用一定时间，在满足吊装额定荷载及吊装顺序的情况下应尽量减少吊机移位次数。

图 2-2 中标示了汽车式起重机吊装的每个车位及先后顺序。汽车式起重机的平面位置还需考虑吊臂与已吊预制外墙、预制梁或外部脚手架的碰杆影响（图 2-3）。

汽车式起重机施工场地宜进行路面硬化，松软地面应进行垫平压实，汽车式起重机伸腿后应加设垫木，地面较松软时应加设钢板，机身必须固定，支撑必须安放牢固。

起重机严禁超载使用。起重机在进行满负荷或接近满负荷起吊时，禁止同时进行两种以上的操作动作。起重臂的左右旋转角度都不得

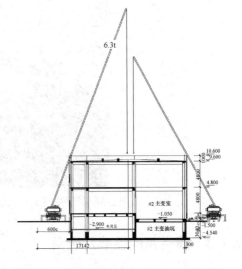

图 2-3 某预制框架项目吊装立面示意图

超过 45°。如果用两台起重机同时起吊一件构件时，必须有专人统一指挥，两车的升降速度保持相等，吊物不得超过两车允许起重量总和的 75%，吊点位置要注意负荷的均匀分配，每台分担的负荷不能超过允许最大起重量的 80%。

为提高起吊能力，汽车式起重机尾部可与构件运输车尾部相接，可减少汽车式起重机回转半径，增大起重量（图 2-4）。

图 2-4　汽车式起重机尾部相接提高吊装性能图

起重机靠近架空输电线路作业或在架空输电线路下行走时，必须与架空线路始终保持不小于现行行业标准《施工现场临时用电安全技术规范》（JGJ 46）规定的安全距离（表 2-2）。

起重与架空线路边线的最小安全距离　　　　　　　　　　　　　　　　表 2-2

电压(kV) 安全距离(m)	<1	10	35	110	220	330	500
沿垂直方向	1.5	3.0	4.0	5.0	6.0	7.0	8.5
沿水平方向	1.5	2.0	3.5	4.0	6.0	7.0	8.5

某地铁站出口项目西南侧有高压线穿过，为了保证墙板吊装施工安全，汽车式起重机与高压线保持安全距离，采取调整汽车式起重机位置、缩短起吊钢丝绳等措施（图 2-5）。

图 2-5　某预制框架项目确保吊臂与高压线之间的安全距离

2.1.3　履带吊的性能及选用

履带吊车相对于同规格汽车式起重机起重能力更强，吊装时不需伸出支腿，吊装效率更高。

　　履带吊车无法直接在市政道路上行驶，每次进出场均需车辆运输部件至施工现场组装，一次组装后连续使用一个月以上的时间较为经济。

　　履带吊车的吊臂不能随意伸缩，在建筑内部吊装时应注意构件吊装顺序，避免构件挡住吊臂而无法退出。

　　履带吊适用于成片区的低层预制厂房吊装施工，单个构件起重量较大，构件分布平面范围较大，构件数量较多。如图 2-6 所示为某卸货平台项目吊装平面布置图，该项目为单层卸货平台，预制梁最重约 100t，选用一台 300t 履带吊进行吊装，以及一台 80t 汽车式起重机配合辅助吊装。

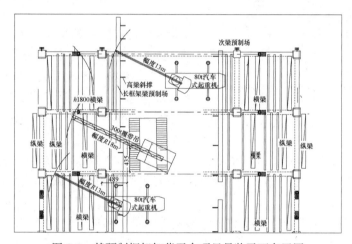

图 2-6　某预制框架卸货平台项目吊装平面布置图

　　吊装施工前，应根据吊装现场的实际情况确定起重机的摆放位置。地面应填平压实，如地面松软应先夯实，并用枕木、钢板或走道板沿履带横向铺平，清除工作有效半径和有效高度范围内的障碍物，以免发生碰撞事故。

　　施工期间如遇大风，应将履带吊起重臂顺风停放，制动系统应刹住，操作杆放在空挡位置。履带吊吊物行走时，吊物离地不得超越 50mm，吊装限载为额定载重的 70%，场地须平整，慢速行进，履带吊不得在斜坡上横向运行，防止倾倒。

　　履带吊最大仰角一般不得超过 78°，仰角过大易造成吊车后倾，吊车完成作业后须将臂杆降至 40°～60° 之间，并转至顺风方向以减少臂杆的迎风面积，防止遇到大风将臂杆吹向后仰，造成翻车和臂杆弯折事故。

　　履带吊车在满载或接近满载情况下，吊臂旋转范围应控制在 ±45° 范围内，禁止同时进行两种以上操作，路面应平整坚实，吊机倾斜应控制在 3° 以内。

2.2　吊索具及选用

　　《装配式混凝土结构技术规程》（JGJ 1—2014）规定，吊装用吊索具应按国家现行有关标准的规定进行设计、验算和试验检验。吊索具应根据预制构件形状、尺寸及重量等参数进行配置。

2.2.1　钢丝绳选用与保养

吊装钢丝绳按绳芯分为天然绳芯、合成纤维绳芯以及钢芯钢丝绳。钢丝绳按表面状态分为光面钢丝绳、镀锌钢丝绳、镀塑钢丝绳；钢丝绳按直径可分为小于 8mm 的细直径钢丝绳、大于 60mm 的粗直径钢丝绳、在 8mm 与 60mm 之间的普通直径钢丝绳；按捻法分为右交互捻、左交互捻、右同向捻及左同向捻四种，钢丝绳每股捻制方向与钢丝绳捻制方向一致的称为同向捻，否则为交互捻（图 2-7）。

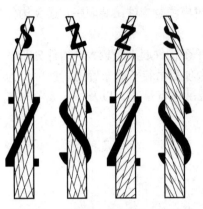

| 右交互捻 | 左交互捻 | 右同向捻 | 左同向捻 |
| (ZS) | (SZ) | (ZZ) | (SS) |

图 2-7　钢丝绳编制方法

吊装钢丝绳应优先选用交绕编织钢丝绳，可采用 6×19 型，但宜用 6×37 型钢丝绳制作成环式或 8 股头式样，6×19 型为 6 股每股 19 丝的钢丝绳，6×37 型为 6 股每股 37 丝的钢丝绳。安全系数一般为 6～7，安全系数小于 6 时，6×19 型同向捻钢丝绳报废断丝数为 6。

钢丝绳的公称抗拉强度有 1470MPa、1570MPa、1670MPa、1770MPa、1870MPa 等，购买钢丝绳时应保留含有规格、型号、抗拉强度等内容的质保资料，以便钢丝绳选用及核查。

吊装时，吊索的直径和长度要根据吊装构件的重量和吊点位置确定。吊索的绳环或两端的绳套需采用编插接头，编插接头的长度不应小于钢丝绳直径的 20 倍。8 股头吊索两端的绳套可根据工作需要装上桃形环、卡环或吊钩等吊索附件。

吊索的安全系数：当利用吊索上的吊钩、卡环勾挂重物上的起重吊环时，不应小于 6；当用吊索直径捆绑重物，且吊索与重物棱角间采取了妥善的保护措施时，安全系数应取 6～8；当吊重大或精密的重物时，除应采取妥善保护措施外，安全系数应取 10。

吊索与所吊构件间的水平夹角应为 45°～60°，不应小于 45°。按规范要求构件起吊时应考虑起重荷载 1.5 倍动力系数。

吊装用吊索应满足现行行业标准《建筑施工起重吊装安全技术规范》（JGJ 276—2012）要求，钢丝绳的规格型号应在吊装专项方案中计算选定，施工时严格按吊装施工方案选择使用。

钢丝绳应每班进行检查，当钢丝绳断丝及磨损达到报废标准时应及时报废。钢丝绳检查重点：钢丝绳有无磨损、腐蚀、断丝、断股、拧扭以及烧坏变形情况，钢丝绳不得有急剧的曲折、环圈、跳丝或砸扁等缺陷。判断方法为目视检查，断丝、断股、拧结、不超过规定技术标准。

钢丝绳末端结成绳套时，最少用三个卡子，用编结法时，编结长度不少于钢丝绳直径的 20 倍，但最短不少于 300mm。班组每天施工前必须对起重机所有的吊、索具按检查标准进行检查，检查后如实填写检查记录表，对检查出的不合格吊、索等严禁使用，必须立即撤出施工现场。

2.2.2 吊装链条选用与保养

构件吊装的吊索也可采用吊链,吊链可以防止钢丝绳的扭曲转动现象,链条吊索是以金属链环连接而成的吊索,按照连接形式主要有焊接和组装两种。吊装链条可与钢扁担组合用于预制构件吊装(图 2-8)。

图 2-8 钢扁担与吊装链条的组合

链条安全使用及维护要求:

(1) 起重荷载不得超过链条的极限工作荷载,链条的起重最小安全系数不得小于 6,且使用前对所有链条做目测检查,符合要求后方可投入使用。

(2) 严禁超负荷使用,吊装物体下面严禁站人,以确保安全。

(3) 链条环绕被吊物时棱角处必须加衬垫,以防链条受力不合理损坏。

(4) 吊装辅助组件的级别不得低于链条级别。

(5) 起吊重物时,升、降、停过程要平稳,避免冲击荷载,不得长时间将重物悬挂在链条上。

(6) 不要试图从重物下强行拉出链条,或让重物在链条上滚动。

(7) 链条不用时应挂起,清洁干燥后涂刷防锈油并置于干燥的环境中。

(8) 应经常检查吊索的长度、磨损状况、变形及表面损伤,新链条使用前做好测量并记录,且每六个月必须由专业技术人员做一次全面检查,检查前应清除吊索表面的油污及脏物,清除方法不得伤害金属或吊绳本身,不得采用可能引起过热或掩盖裂纹及表面缺陷的方法。

(9) 链条检测标准:

① 链条允许的磨损值不得超过链条棒料直径或辅具厚度的 10%。

② 链条的任何部位出现裂纹、弯曲或扭曲现象和环链间有卡死后僵涩等现象,且不能排除时禁止使用。

③ 链条不允许自行修复或再加工(焊接、加热、热处理、表面化学方法处理)。

2.2.3 吊装带选用与保养

合成纤维吊装带(吊带)是采用高强度聚酯工业长丝(100%PES)为原料加工而成,

其安全系数一般为 6，可分为 W 形扁平吊带和 R 形圆形吊带，两端可带环状扣。

扁平吊带的形状为扁平形；圆形吊带是有无极环绕平行排列的多股集束强力纱而组成的闭合承载芯，多股集束强力纱起到承载作用，其外部织成的保护套包住，此保护套只起保护作用，而不起承载作用，能有效延长吊带使用寿命（图 2-9）。吊装带的使用应符合现行行业标准《编制吊索 安全性》(JB/T 8521—2007)。

1. 吊装带优点

（1）质地较软，与预制构件接触面较大，能很好地保护被吊物品，使其表面不被损坏，较适合混凝土预制构件的成品保护，可以减少构件缺棱掉角现象（图 2-10）。

图 2-9　吊装带工程示例图

图 2-10　常用扁平吊装带

（2）使用过程中有减振、不腐蚀、不导电，在易燃易爆环境下不产生火花。

（3）重量只有金属吊具的 20%。

（4）便于携带及进行吊装准备工作；弹性伸长率较小，能减少反弹伤人的危险。

2. 吊装带使用注意事项

（1）首先应确认吊装带所能承载的重量和长度，并采用正确的方式及系数（表 2-3）。

（2）当采用篮形吊装时应确保安全稳定，并注意荷载的重心位置，避免物体掉落。

（3）应正确选择吊点，提升前，应确认捆绑是否牢固。要有试吊过程，确认稳妥后再继续下一步作业。

（4）使用时不要让吊装带处在打结、扭、绞的状态，不得拖拉吊点，不允许长时间悬吊构件。

（5）在没有护垫保护的情况下，不得用吊装带去吊装有棱角及尖锐边缘的物品。

（6）不允许和腐蚀性的化学物品（如酸碱等）接触。

（7）不允许超负荷使用吊装带，如同时使用几支，应尽可能将负荷均布在几支吊装带上。

（8）不允许将软环同任何可能对其造成损坏的装置连接起来，软环连接的吊挂装置应是平滑、无任何尖锐的边缘，其尺寸和形状不应撕开吊装带缝合处。

（9）不允许使用没有护套的吊装带承载有尖角棱边的构件。

（10）吊装带弄脏或在有酸、碱倾向的环境中使用后，应立即用凉水冲洗干净。

常用扁平吊装带规格表　　　　　　　　　　　　表 2-3

吨位	宽度	厚度	层数
1t	4cm	12mm	4层
3t	5cm	12mm	4层
5t	6cm	12mm	4层
8t	8cm	12mm	4层
10t	15cm	12mm	4层
15t	15cm	15mm	5层
20t	20cm	13mm	4层

3. 吊装带保管与发放

（1）各使用单位负责本单位吊索具的使用、维护和保管，特别注意吊装带易被机械损伤和化学及高温侵害，需要定期对在用吊索具的安全技术性能进行检查。

（2）吊索具应存放在专用的工具架上，工具架上的吊索具的相关标识应清晰、醒目，便于作业人员识别和领用。

（3）吊带应储存在干燥的地方，避免在紫外线辐射条件下及靠近热源附近存放，使用完毕后应按工具架上的标识对号入座，禁止混放。

（4）常用吊装带应在下列温度范围内使用及储存：聚酯及聚酰胺：$-40 \sim 100℃$；聚丙烯：$-40 \sim 80℃$。在低温、潮湿环境下，吊带上会结冰，从而降低吊装带的柔韧性而产生磨损，损坏吊装带的内部，因此极端情况下不能使用吊装带。

4. 吊装带降级

（1）各使用单位对检查后的吊索具安全技术性能不符合要求的，应根据具体情况分别作降级和报废处理。

（2）对于降级使用的吊装带，应将原标识覆盖，重新标识其额定起吊重量、长度等，圆形吊装带的内芯承重，封套不承重，只起保护作用，当封套拉破或擦伤而没有伤及内芯的，在检查后确认不影响其安全性能的前提下，可降级使用。

（3）对于扁平吊装带的表面出现磨损而未离断时应降级使用，但是只要有一处断裂面达到带宽的 1/4 都应作报废处理。

5. 吊装带报废

吊装带在使用过程中，有下列之一时情况时，应报废：

（1）织带（含保护套）严重磨损、穿孔、切口、撕断，吊带出现死结。

（2）承载接缝绽开、缝线磨断，纤维表面粗糙易于剥落。

（3）由于时间原因和环境影响，吊装带纤维软化、老化、弹性变小、强度减弱。

（4）吊装带表面有过多的点状疏松、腐蚀、酸碱烧损及热融化或烧焦。

（5）带有红色警戒线吊带的警戒线裸露。

（6）吊装带标签丢失，同时标识严重磨损造成吊带额定起吊重量难以辨认和确定。

（7）对长期搁置未使用的吊装带，使用前应进行静载和动载试验进行校验，确认其性能是否发生改变。

（8）考虑到吊装带结构中的高分子材料老化因素，在正常使用环境、额定荷载及使用频率较低的情况下，除日常进行检查，应每年进行一次静载和动载试验，在各项性能正常的情况下可继续使用。若使用环境恶劣及使用频率高，除作业前的检查外，应半年进行一次静载和动载试验，验证其安全性。对试验和校验不合格的吊装带应作报废处理。

2.2.4　吊装葫芦选用

在吊装构件时，有时为确保吊装构件的平衡及底部在同一水平面上，采用吊装葫芦进行吊装，如凸窗的三点起吊及外挂墙板起吊的水平调整等（图2-11）。

图2-11　外挂墙板吊装时使用的吊装葫芦

吊装葫芦的选择需满足1.5倍动力系数的要求，同时由于一般挂板尺寸较大而采取平放，在起吊前需翻转墙板，为避免翻转过程中葫芦吊钩受力过大被折断，在吊装葫芦下侧加设一段短钢丝绳。

手拉葫芦一般要求如下：

（1）每台产品必须附有产品使用维修说明书、生产许可标记和产品合格证。

（2）产品应有清晰耐久的标牌。

（3）严禁超负荷起吊或斜吊，禁止起吊埋在地下或凝结在地面上的重物。

（4）悬挂手拉葫芦的支撑点必须牢固稳定。

（5）吊挂捆绑用钢丝绳和链条的安全系数不小于6。

（6）严禁将小吊钩回扣到起重链条上起重重物。

（7）不允许抛掷手拉葫芦。

（8）用户不得改动产品的原设计。

（9）更换的零部件必须达到原设计的要求。

为提高安装效率，减小操作空间，特别在工作平面内移动位置时可用手扳葫芦（图2-12）。

手扳葫芦通过人力扳动手柄，借助杠杆原理获得与负载相匹配的直线牵引力，轮换作用于机芯内负载的一个钳体带动负载运行。它具有结构紧凑、重量轻、外形尺寸小、携带方便省力等特点。施工前，根据吊物的重量及应用场景，选择相匹配的手扳葫芦并进行安全检查。在空载时手动调整链条至合适长度，可提高施工效率。

图2-12　手扳葫芦

2.2.5　千斤顶选用

在外墙挂板平面位置调整等施工中需要用到千斤顶，常用的千斤顶有液压千斤顶和机械千斤顶（图2-13、图2-14）。千斤顶的选择应符合下列规定：

（1）千斤顶的额定起重量应大于起重构件的重量，起升高度应满足要求，其最小高度应与安装净空间相适应。

（2）千斤顶应放在平整坚实的地面上，底座下应垫以枕木或钢板，以加大承压面积，防止千斤顶下陷或歪斜。与被顶升构件的光滑面接触时，应加垫硬木板，严防滑落。

（3）顶升过程中，不得随意加长千斤顶手柄或强力硬压，每次顶升高度不得超过活塞上的标注，且顶升高度不超过螺栓丝杆扣或活塞总高度的 3/4。

图 2-13　螺旋式千斤顶

图 2-14　液压千斤顶

液压千斤顶多用于垂直方向顶升，调整墙板水平位移的侧向顶千斤顶多采用机械千斤顶。

2.2.6　吊装卸扣及吊钩选用

吊装卸扣通常有 D 形卸扣与弓形卸扣，相比同规格的 D 形卸扣，弓形卸扣穿钢丝绳的空间更大（图 2-15、图 2-16）。卸扣在使用时应能正确地支撑荷载，其作用力应沿着卸扣的中心轴线，避免弯曲及不稳定的荷载，不准过载使用。

图 2-15　弓形卸扣

图 2-16　D 形卸扣

1. 卸扣使用要求

（1）卸扣表面应光滑平整，不允许有裂纹、锐边、过烧等缺陷，严禁使用铸铁或铸钢的卸扣。

（2）不应在卸扣上钻孔或焊接修补，扣体和轴销永久变形后不得进行修复。

（3）使用时应检查扣体和插销，不得有严重磨损、变形和疲劳裂纹。

（4）使用时横向间距不得受力，轴销必须插好保险销。

（5）轴销正确装配后，扣体内宽不得明显减少，螺纹连接良好。

（6）卸扣的使用不得超过规定的安全负荷。

目前卸扣材料多采用合金钢，改变了过去使用普通碳钢的历史。选择卸扣时应注意考虑有关安全系数的规定，安全系数一般取 4 和 6，不允许超载使用。卸扣由二倍安全荷载作为试验荷载进行试验，轴销不得有永久变形且拧松后可自由转动。卸扣应在每班前进行检查，达到如下标准应予以报废处理：

（1）有永久变形或插销不能转动自如。

（2）扣体和轴销任何一处截面磨损量达到原尺寸的 10% 以上。

（3）卸扣任何一处出现裂纹。

（4）卸扣不能闭锁。

（5）卸扣试验后不合格。

2. 吊钩使用要求

在叠合板吊装等构件吊装过程中，有时为提高吊装效率用吊钩替代卸扣，但必须确保吊钩安全可靠，弹簧保险扣完好（图 2-17、图 2-18）。吊装过程中应经常检查起重吊机的吊钩，确保保险扣完好，回弹正常，发现如下情况应予以报废：

图 2-17 吊钩

图 2-18 带吊钩的链条

（1）出现裂纹。

（2）危险断面磨损达到原尺寸的 10%。

（3）开口度比原尺寸增加 10%。

（4）钩身扭转变形超过 10°。

（5）吊钩危险断面或吊钩颈部产生塑性变形。

（6）吊钩螺纹被腐蚀。

3. 吊装钢横梁选用

构件吊点设计时主要以拉力为设计依据，抗剪能力较差，为防止吊点剪切破坏，规范明确规定吊装钢丝绳的水平夹角不宜大于 60°，不应小于 45°。在吊装某些较大、较长构件如梁、叠合板时，为防止构件折弯损坏及防止吊点剪切破坏，设计要求采用钢横梁（钢扁担）或钢框（图 2-19）。

钢横梁应经过设计计算，满足吊装时强度、刚度及稳定性的要求，钢扁担下侧留有一排吊装孔洞，吊索可通过选择不同孔洞调整位置，确保吊索垂直，避免产生剪力。钢横梁不用时应在地面上放置平稳，防止倾倒伤人（图2-20）。

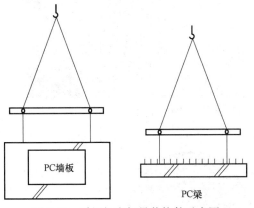
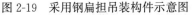

图 2-19　采用钢扁担吊装构件示意图

图 2-20　吊装用钢扁担

2.2.7　专用吊具选用

预制构件吊装应选用与吊点相匹配的专用吊具，专用吊具应按图纸提前加工定做，加工数量应满足起重机械及损坏备用要求。构件上常用吊点为预埋螺母吊点，通过高强度螺栓拧紧固定专用吊具，吊具按预埋螺母的数量可分为双孔吊具及单孔吊具，一个吊点预埋一个螺母孔的需用单孔吊具吊装；一个吊点预埋两个螺母孔的需用配套的双孔吊具进行吊装，单孔吊具（图2-21）和双孔吊具（图2-22）不能相互替换使用。预制梁、柱、墙板等构件的吊点通常采用预埋螺母、螺栓和吊钉的形式，较重的构件需埋设钢筋吊环和钢丝绳吊环。

图 2-21　单孔吊具

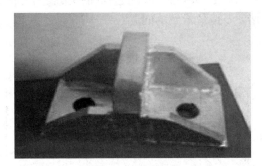

图 2-22　双孔吊具

当单孔吊具替代双孔吊具吊装时，吊装螺栓承受的拉力是设计允许荷载的两倍，所以不能替代；当用双孔吊具替代单孔吊具吊装时，吊索中心线与吊装螺栓不在同一直线上，易导致螺栓拔出的安全事故（图2-23）。

吊装螺栓应采用8.8级以上的高强度螺栓，以达到设计强度及耐磨损要求。吊装螺栓直径及安装长度应根据设计要求选择。磨损过大应及时更换，禁止用普通螺栓替代高强度螺栓使用（图2-24）。

图 2-23　错误使用双孔吊具吊装致使预埋螺杆拔出

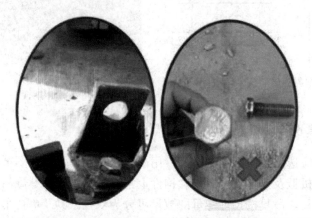

图 2-24　严禁用普通螺栓替代高强度螺栓吊装使用

在构件上预埋螺母，然后用吊装螺栓固定吊具的方式虽然较为安全，但会遇到吊装螺孔预埋偏位过大、吊装螺孔被堵塞等现象，导致螺栓安装困难，吊装效率受到影响。采用在构件上预埋吊钉及配套鸭嘴扣吊装的方法（图 2-25～图 2-27），可以有效避免吊装螺孔堵塞及偏位导致的问题。

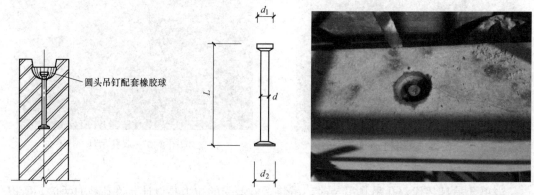

圆头吊钉配套橡胶球

图 2-25　预制构件吊装示意图　图 2-26　圆头吊钉详图　图 2-27　预制构件上部预留吊钉及半球形空间

吊钉适用于混凝土强度等级高于 C25 的预制构件，型号代码中 XX 为表面材质，其中 XX＝40、50、55，分别为普通碳钢、碳钢镀锌、不锈钢，例如，型号代码为 2350—4.0—0240 的吊钉表示 4t 碳钢镀锌圆头吊钉（表 2-4）。吊装预埋挂钉的构件应采用配套专用挂钩器（图 2-28）。

圆头吊钉选用表   表 2-4

吊钉型号代码	d （mm）	d_1 （mm）	d_2 （mm）	L （mm）	最小破断拉力 （kN）
23XX-4.0-0210	18	36	45	210	122

图 2-28　吊钉配套使用的专用挂钩器

第3章

预制构件进场验收

预制构件在工厂制作、现场组装，组装时需要较高的精度，同时每个预制构件具有唯一性，一旦某个构件有缺陷，势必会对工程质量、安全、进度、成本造成影响。预制构件作为装配式混凝土结构的基本组成单元，进场验收至关重要，也是现场施工管控的第一个环节。

预制构件进场验收相关标准见表 3-1。

预制构件进场验收主要标准 表 3-1

国家标准	《建筑工程施工质量验收统一标准》(GB 50300—2013)
	《混凝土结构工程施工质量验收规范》(GB 50204—2015)
	《混凝土结构工程施工规范》(GB 50666—2011)
	《装配式混凝土建筑技术标准》(GB/T 51231—2016)
	《装配式建筑评价标准》(GB/T 51129—2017)
行业标准	《装配式混凝土结构技术规程》(JGJ 1—2014)
	《钢筋套筒灌浆连接应用技术规程》(JGJ 355—2015)
	《钢筋连接用灌浆套筒》(JG/T 398—2019)
	《钢筋连接用套筒灌浆料》(JG/T 408—2019)
地方标准	《装配整体式混凝土结构预制构件制作与质量检验规程》(DGJ 08-2069—2016)
	《装配整体式混凝土结构施工及质量验收规范》(DGJ 08—2117)

3.1 预制构件主要检查内容

预制构件进场时，由施工单位会同构件厂、监理单位、建设单位联合进行进场验收。

预制构件明显部位必须有注明生产单位、构件型号、质量合格的标识；预制构件外观不得存有对构件受力性能、安装性能、使用性能有严重影响的缺陷，不得存有影响结构性能和安装、使用功能的尺寸偏差。

预制构件的外观检查时，对已经出现的一般缺陷，应根据技术方案进行处理，并重新检查验收。对已经出现严重缺陷的构件，应做好标记并退场报废处理（表 3-2）。

预制构件外观质量缺陷表 表 3-2

名称	现象	严重缺陷	一般缺陷
露筋	构件内钢筋未被混凝土包裹而外露	主筋有露筋	其他钢筋有少量露筋
蜂窝	混凝土表面缺少水泥砂浆面形成石子外露	主筋部位和搁置点位置有蜂窝	其他部位有少量蜂窝

续表

名称	现象	严重缺陷	一般缺陷
孔洞	混凝土中孔穴深度和长度均超过保护层厚度	构件主要受力部位有孔洞	不应有孔洞
夹渣	混凝土中夹有杂物且深度超过保护层厚度	构件主要受力部位有夹渣	其他部位有少量夹渣
疏松	混凝土中局部不密实	构件主要受力部位有疏松	其他部位有少量疏松
裂缝	缝隙从混凝土表面延伸至混凝土内部	构件主要受力部位有影响结构性能或使用功能的裂缝	其他部位有少量不影响结构性能或使用功能的裂缝
连接部位缺陷	构件连接处混凝土缺陷及连接钢筋、连接件松动、灌浆套筒未保护	连接部位有影响结构传力性能的缺陷	连接部位有基本不影响结构传力性能的缺陷
外形缺陷	内表面缺棱掉角、棱角不直、翘曲不平等外表面面砖粘结不牢、位置偏差、面砖嵌缝没有达到横平竖直、转角面砖棱角不直、面砖表面翘曲不平等	清水混凝土构件有影响使用功能或装饰效果的外形缺陷	其他混凝土构件有不影响使用功能的外形缺陷
外表缺陷	构件内表面麻面、掉皮、起砂、沾污等、外表面面砖污染、预埋门窗框破坏	具有重要装饰效果的清水混凝土构件、门窗框有外表缺陷	其他混凝土构件有不影响使用功能的外表缺陷，门窗框不宜有外表缺陷

（1）预制构件外观的检查。

预制构件的混凝土外观质量不应有严重缺陷，且不应有影响结构性能和安装、使用功能的尺寸偏差。预制构件进场时外观应完好，其上印有构件型号的标识应清晰完整，型号种类及其数量应与合格证上一致。对于外观有严重缺陷或者标识不清的构件，应立即退场。此项内容应全数检查。

（2）预制构件粗糙面检查。

粗糙面是采用特殊工具或工艺形成的预制构件混凝土凹凸不平或骨料显露的表面，是实现预制构件和后浇筑混凝土的可靠结合重要控制环节。粗糙面应全数检查。

（3）预制构件上的预埋件、预留插筋、预留孔洞、预埋管线等规格型号、数量应符合要求。以上内容与后续的现场施工息息相关，施工单位相关人员应重点检查。

（4）灌浆孔检查。检查时，可使用细钢丝从溢浆孔伸入套筒，如从底部伸出并且从下部灌浆孔可看见细钢丝，即畅通。构件套筒灌浆孔是否畅通应全数检查。

（5）预制楼板（叠合楼板）、预制墙板、预制梁（叠合梁）柱，以及预制阳台板、空调板、楼梯等构件尺寸偏差及检验方法应分别符合表3-3和表3-4的规定。

检查数量：按照进场检验批，同一规格（品种）的构件不超过100个为一批，每批应抽查构件数量的5%，且不少于5件，少于5件则全数检查。

预制构件尺寸允许偏差及检验方法　　　　　　表3-3

项目		允许偏差（mm）	检验方法
长度	楼板、梁、柱、桁架 <12m	±5	尺量
	楼板、梁、柱、桁架 ≥12m 且 <18m	±1	
	楼板、梁、柱、桁架 ≥18m	±20	
	墙板	±4	

续表

项目		允许偏差（mm）	检验方法
宽度、高度	楼板	±5	尺量一端及中部，取其中偏差绝对值较大处
	墙板	±4	
	密拼板	−4，+2	
截面尺寸	梁、柱、桁架	±3	尺量
	叠合梁	±5	
厚度	楼板	±5	尺量
	叠合板	−2，+5	
	墙板	±4	
表面平整度	楼板、梁、柱、墙板内表面	5	2m靠尺和塞尺量测
	墙板外表面	3	
侧向弯曲	楼板、梁、柱、墙板	$L/1000$ 且≤10	拉线、直尺量测最大侧向弯曲处
	桁架	$L/1000$ 且≤20	
翘曲	楼板、墙板	$L/1000$ 且≤10	调平尺在两端量测
对角线差	楼板	10	尺量两个对角线
	墙板、门窗洞	5	
预留孔、洞	中心线位置	5	尺量
	尺寸、深度	±5	
预埋件	预埋板、吊环（吊钉）、木砖、电盒（线盒）中心线位置	5	尺量
	预埋板、吊钉、木砖、电盒（线盒）与混凝土面平面高差	0，−5	
	预埋螺栓中心线位置	2	
	预埋螺栓外露长度	+10，−5	
	预埋套筒、螺母中心线位置	2	
	预埋套筒、螺母与混凝土面平面高差	−5，0	
	预埋线管中心线位置	10	
灌浆套筒及连接钢筋	中心线位置	2	尺量
	钢筋外露长度	0，+10	
键槽	中心线位置	5	尺量
	长度、宽度、深度	±5	
桁架钢筋	高度	+5，0	用尺量

注：L 为构件长度，单位为 mm。

预制阳台板、空调板、楼梯构件尺寸允许偏差及检验方法　　表3-4

项次	检查项目	允许偏差（mm）	检验方法
阳台板、空调板、楼梯	长度	±5	用尺量两端及中间部，取其中偏差绝对值较大值
	宽度	±5	用尺量两端及中间部，取其中偏差绝对值较大值

续表

项次	检查项目	允许偏差(mm)	检验方法
阳台板、空调板、楼梯	厚度	±3	用尺量构件四角和四边中部位置共8处,取其中偏差绝对值较大值
	弯曲	$L/750$ 且 ≤20mm	拉线、钢尺量最大侧向弯曲处
	表面平整度	4	用靠尺和塞尺检查

注：L 为构件长度,单位为 mm。

装饰构件外观尺寸偏差及检验方法应符合表3-5的规定。

检查数量：按照进场检验批,同一规格（品种）的构件每次抽检数量不应少于该规格（品种）数量的5%且不少于5件,少于5件则全数检查。

装饰构件外观尺寸允许偏差及检验方法　　　　　　　　　　表3-5

项次	装饰种类	检查项目	允许偏差(mm)	检验方法
1	通用	表面平整度	2	用靠尺和塞尺检查
2	面砖、石材	阳角方正	2	用托线板检查
3		上口平直	2	拉通线用钢尺检查
4		接缝平直	3	用钢尺或塞尺检查
5		接缝深度	±5	用钢尺或塞尺检查
6		接缝宽度	±2	用尺量

预制构件门框和窗框尺寸偏差及检验方法应符合表3-6的规定。

检查数量：按照进场检验批,同一规格（品种）的构件每次抽检数量不应少于该规格（品种）数量的5%且不少于5件,少于5件则全数检查。

预制构件门框和窗框尺寸允许偏差及检验方法　　　　　　　　表3-6

项次	检查项目	允许偏差(mm)	检验方法
门窗框	位置	±1.5	用尺量
	高、宽	±1.5	用尺量两端及中间部,取其中偏差绝对值较大值
	对角线	±1.5	用尺量测两对角线的长度,取其绝对值的差值
	平整度	1.5	用靠尺和塞尺检查
锚固脚片	中心线位置偏移	5	用尺量测纵横两个方向的中心线位置,取其中较大值
	外露长度	+5,0	用尺量

预制构件键槽的数量和粗糙面的处理方式应符合设计要求。预制构件粗糙面凹凸深度尺寸偏差及检验方法应符合表3-7的规定,粗糙面的面积不宜小于结合面的80%。

检查数量：键槽数量、粗糙面处理方式应全数检查。对粗糙面凹凸深度,同一类型的构件,不超过100个为一批,每批应抽查构件数量的10%,且不应少于5个。粗糙面凹凸深度检验时,在每个抽查构件代表性位置测量30个点,取平均值。

预制构件粗糙面凹凸深度尺寸允许偏差及检验方法　　　　　　表 3-7

项目		允许偏差(mm)	检验方法
冲毛粗糙面	深度	+2,0	深度尺量测
拉毛粗糙面	深度	+2,0	深度尺、钢尺量测
	沟槽平均间距	±30	
压痕粗糙面	深度	+2,0	深度尺、钢尺量测
	沟槽平均间距	±3d（d 为压痕直径）	

预制构件尺寸偏差及检查方法见表 3-8。

预制构件尺寸偏差及检查方法　　　　　　表 3-8

项次	检验项目	图	允许偏差（mm）	检验方法
外墙板	长		±4	尺量检测
	宽		±4	钢尺量一端中部，取其中偏差绝对值较大处
	厚		±4	
	对角线差		5	钢尺量两个对角线
	翘曲		$L/1000$ 且≤10	调平尺在两端测量

项次	检验项目		图	允许偏差（mm）	检验方法
外墙板	侧向变曲			$L/1000$ 且≤10	拉线、钢尺量最大侧向弯曲处
	内表面平整			5	2m 靠尺和塞尺检查
	外表面平整			3	
梁柱	长	＜12m		±5	尺量检查
		≥12m 且＜18m		±10	
		≥18m		±20	
	宽			±3	钢尺量一端中部，取其中偏差绝对值较大处
	厚			±3	
	侧向弯曲			$L/1000$ 且≤10	拉线、钢尺量最大侧向弯曲处
	表面平整			5	2m 靠尺和塞尺检查

续表

项次	检验项目		图	允许偏差 （mm）	检验方法
叠合板	长	<12m		±5	量尺检查
		≥12m 且<18m		±10	
		≥18m		±20	
	宽			±5	钢尺量一端中部,取其中偏差绝对值较大处
	厚			−2,+5	
	对角线差			10	钢尺量两个对角线
	侧向弯曲			L/1000 且≤10	拉线、钢尺量最大侧向弯曲处
	翘曲			L/1000 且≤10	调平尺在两端测量

项次	检验项目	图	允许偏差（mm）	检验方法
叠合板	表面平整	 平整标准尺	5	2m 靠尺和塞尺检查

3.2 预制构件进场质保资料

预制构件进场验收所需资料，应根据国家、行业、地方相关要求执行，并结合项目实际情况，在项目实施前由参加各方商定。资料清单可参考表 3-9。

预制构件进场验收资料　　　　　　　　　　　　　　　　　　　表 3-9

资料类型	资料名称
设计文件	预制构件深化设计图、设计变更文件
主要材料	原材料成品、半成品、构配件进场验收记录、质保书及检验报告
	钢筋连接的工艺及接头检验报告
	钢筋灌浆套筒接头工艺检测报告
	钢筋灌浆套筒接头抗拉强度检测报告
	灌浆套筒连接接头试件型式检验报告
	吊钉吊点拉拔检测报告
	楼梯检测报告
	混凝土和灌浆、坐浆浆体强度检测报告
	灌浆套筒进厂外观质量、标识、尺寸偏差检验报告
	密封材料及接缝防水检测报告
构件生产过程验收资料	预制构件"首件生产验收"记录
	预制构件制作施工验收记录
	钢筋套筒灌浆连接及预应力孔道的灌浆施工记录
	隐蔽工程检查验收文件
	分项工程验收记录
	结构实体检验记录

续表

资料类型	资料名称
构件生产过程验收资料	预制构件试块抗压试验报告及强度的统计评定
	工程的重大质量问题的处理方案和验收记录
	其他保证资料

部分质保书及检测报告样式如图 3-1～图 3-6 所示。

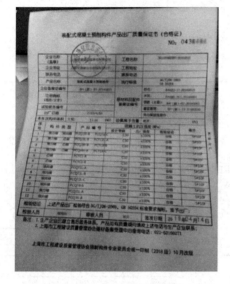

图 3-1　预制构件产品出厂质量保证书

图 3-2　钢筋灌浆套筒接头工艺检测报告

图 3-3　钢筋灌浆套筒接头抗拉强度检测报告

图 3-4　吊钉吊点拉拔检测报告

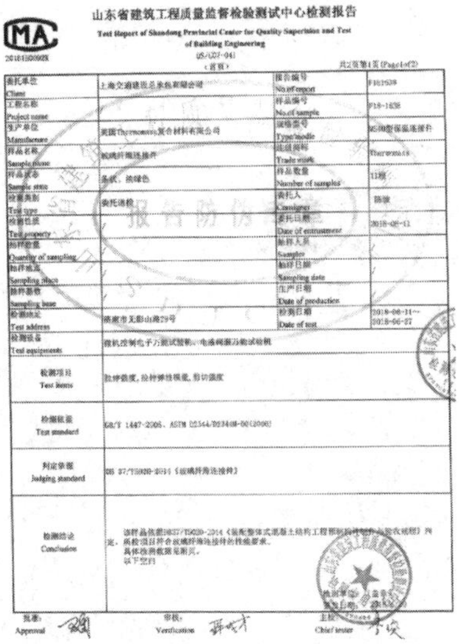

图 3-5　FRP（玻璃纤维）保温连接件检测报告 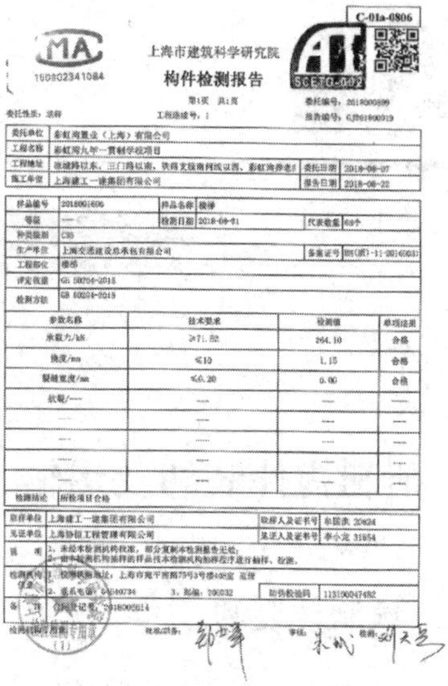　　　　图 3-6　楼梯检测报告

3.3　预制构件结构性能检验

预制构件需要做结构性能检验的，应附有相应的检测报告。

不做结构性能检验时，进场质量证明文件应包含构件生产过程的关键验收记录。

根据规范要求，有施工单位或监理单位代表驻厂监督时，质量证明文件应经监督代表确认。无驻厂监督时，应有相应的实体检验报告，实体检验范围包括：受力钢筋数量、规格、间距及混凝土强度、混凝土保护层厚度等。

构件结构性能检验的基本要求：现行规范仅提出了梁板类简支受弯预制构件应进行结构性能检验。常见简支受弯预制构件有全预制梁、全预制板、预制楼梯等。

预制墙板、预制柱，由于很难通过结构性能检验确定构件受力性能，故规范规定除设计有专门要求外，进场时可不做结构性能检验。叠合板、叠合梁其他预制构件，应根据设计要求确定是否进行结构检验。

3.4　混凝土氯离子含量检验

预制构件进场时应对硬化混凝土中的氯离子含量进行检验，其含量应符合现行国家标准《混凝土结构设计规范》（GB 50010）的要求。

检验数量：同一单位工程、同一强度等级、同一生产单位的预制构件混凝土方量小于 1500m³ 的，应至少检验 2 次；大于 1500m³、小于 5000m³ 的，应至少检验 4 次；大于 5000m³ 的，应至少检验 6 次。

检验方法：检查混凝土氯离子含量检测报告。

第**4**章

预制构件运输与堆放

4.1 预制构件装卸及运输

4.1.1 预制件装卸

（1）预制构件的装卸位置应位于起重装置吊运范围之内，严禁超负荷起吊。

（2）当构件采用龙门吊装车时，起吊前应检查吊钩是否挂好，构件中螺栓是否拆除等，避免影响构件起吊安全。

（3）预制构件装卸前必须检查作业环境、吊索具、防护用品。吊装区域无闲散人员，障碍已排除。吊索具无缺陷，捆绑正确牢固，被吊物与其他物件无连接，确认安全后方可作业。

（4）大雨及风力六级以上（含六级）等恶劣天气，必须停止露天起重吊装作业。

（5）预制构件装卸吊运作业时，必须执行安全操作规程，听从统一指挥。

（6）使用起重机作业时，必须正确选择吊点的位置，合理穿挂索具，试吊。除指挥及挂钩人员外，严禁其他人员进入吊装作业区。

（7）预制构件在装卸时严格按起吊点装卸，严禁偏心起吊。

（8）起吊及落钩时，速度不宜过快，专人扶至就位，做到平缓起落，防止构件相互碰撞。

（9）构件从成品堆放区吊出前，应根据设计要求或强度验算结果，在运输车辆上支设好运输架。外墙板以立运为宜，饰面层应朝外对称靠放，与地面倾斜度不宜小于 80°；预制梁、板、楼梯、阳台以平运为宜。

（10）运输构件的搁置点：一般等截面构件在长度 1/5 处，板的搁置点在距端部 200～300mm 处。其他构件视受力情况确定，搁置点宜靠近节点处。

（11）预制构件在装卸和码放时宜在构件与刚性搁置点处稳塞柔性垫片，同货车的连接要稳固可靠。

（12）挂钩工必须相对固定并熟知下列操作知识和能力：

① 必须服从指挥信号工的指挥。

② 熟练运用手势、旗语、哨声的使用。

③ 熟悉起重机的技术性能和工作性能。

④ 熟悉常用材料重量，构件的重心位置及就位方法。

⑤ 熟悉构件的装卸、运输、堆放的有关知识。

⑥ 能正确使用吊、索具和各种构件的拴挂方法。

4.1.2 预制构件运输

（1）预制构件在运输时，应特别注意对成品的保护，由于上述环节导致构件成品无法满足本工程质量要求的，应视为不合格品，不得进入施工现场。

（2）预制构件上车后，用帆布带横向绑紧预制件，用铁卡卡住预制件顶部，并用连接块在两边扯紧，使预制件同货车的连接稳固可靠。同时，对构件边角部或链索接触处的混凝土，宜采用垫衬加以保护。

（3）预制构件在运输时宜在构件与刚性搁置点处塞上柔性垫片。

（4）预制构件在出厂前，应认真校核出厂资料，并检查如下事项：

① 装车前检查其外观是否有损坏。

② 检查成品的预埋件等是否完好无损。

③ 外伸钢筋是否清洁干净。

④ 成品上盖的印章是否齐全。

（5）预制构件在运输时不得损坏相应标识内容，包括使用部位、构件编号、铭牌等。由于上述环节导致的构件无法识别时，由构件厂派专员进行相应标志内容的恢复。

（6）预制构件选择路况平坦，交通畅通的行驶路线进行运输，遵守交通法规及地方交通管理，防止超速或急刹车现象。

（7）若通过桥涵或隧道，则装载高度，对二级以上公路不应超过 5m；对三、四级公路不应超过 4.5m。构件的行车速度应不大于表 4-1 规定的数值。

行车速度参考表（km/h）　　　　　　　　　　　　表 4-1

构件分类	运输车辆	人车稀少道路平坦视线清晰	道路较平坦	道路高低不平坑洼注注
一般构件	汽车	50	35	15
长重构件	汽车	40	30	15
	平板(拖)车	35	25	10

（8）预制构件进场经监理等各方验收合格后，将相应资料转交现场管理人员，方可进行构件卸货工作。

4.2 预制构件堆放

（1）预制构件堆场平面布置

装配式建筑单体周围可使用场地一般都较小，每栋单体现场宜考虑存放一层构件，构件吊装完成后应及时补充。存放场地须设置在起重设备的有效吊运作业范围内（图 4-1）。

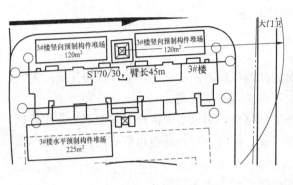

图 4-1　预制构件堆场平面布置

（2）预制构件堆场基础

构件堆场应全部硬化，基础做法可参考：路基夯实，250mm 厚道砟，150mm 厚 C30 混凝土（图 4-2）。

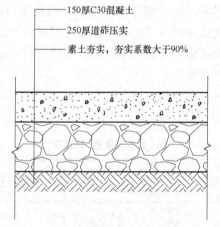

图 4-2　预制构件堆场基础做法

（3）构件堆场隔离围栏

构件堆场应设置隔离围栏，与周围场地分开。围护栏杆上挂明显的标识牌和安全警示牌（图 4-3）。

图 4-3　构件堆场隔离围栏

（4）构件堆放形式

预制构件的堆放主要包括水平放置与竖向放置两种。原则上竖向构件竖向堆放，水平构件水平堆放。卸车、堆放及吊装过程中尽量不进行翻转，防止因翻转而造成构件的损伤破坏。

预制剪力墙、预制填充墙、夹心保温墙板、叠合墙板、外挂墙板等构件应采用竖向放置，并采用专用堆放架堆放。堆放架上应铺垫橡胶垫或垫木，防止碰坏预制构件（图 4-4）。

图 4-4　预制墙板竖向堆放

预制叠合板、预制叠合梁、预制柱、预制楼梯等构件应采用水平叠放方式。预制叠合板叠放层数不宜大于 6 层；预制楼梯不大于 4 层；预制柱、预制叠合梁堆放高度不超过两层。水平构件底层及层间应设置垫木或垫块，并垫放在构件长向的 1/4～1/5 处，每层构件间的垫木或垫块应在同一垂直线上（图 4-5）。

（5）竖向构件堆放架稳定性要求

常见的竖向构件堆放架为单边式堆放架。单边式墙板堆放架可以同时放置多块墙板构件，架体上装有外伸的活动限位杆，可以按照需要水平移动它们的位置，从而将构件的倾角控制在安全范围以内。优点是一次可以放置多块墙板构件，利用率高；缺点是活动限位杆强度要求高，构件应均匀对称堆放。当在架体端部放置 1 块墙板构件时，容易造成倾覆（图 4-6、图 4-7）。

图 4-5　预制构件水平堆放

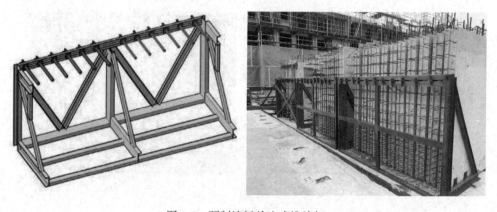

图 4-6　预制墙板单边式堆放架

图 4-7　预制墙板堆放

4.3 施工现场临时道路要求

由于预制构件运输车辆较重，总重量一般在 60t 左右，因此施工现场临时施工道路应采用钢筋混凝土硬化，并应满足地基承载力要求。可参考以下做法并经计算确定：路基压实，铺 100mm 厚碎石垫层，200mm 厚 C30 混凝土，内配双向 $\phi12@150$ 钢筋（图 4-8）。

图 4-8 施工现场临时道路

道路宽度需满足两辆运输车交会，一般 7m 左右；道路弯道需满足车辆转弯需求，转弯半径 9m 左右；场内道路宜环形设置，设置进出口。

4.4 地下室顶板加固方法

1. 加固范围

预制构件运输车经常需要借助地库顶板作为施工道路和构件堆场，需根据要求和现场实际情况，对车辆行动路线及构件堆场涉及范围内的地库顶板进行加固。

2. 加固周期

地下室顶板加固应在预制构件进场前完成，直至预制构件吊装完成后，且无相应重量需求的车辆或材料入场后方可拆卸。

3. 顶板加固方式

由于构件堆场荷载与预制构件运输车的行车荷载相差较大，实际加固时应区别对待，并应做好标识，使用要求不同加固方式也有所不同。常用的加固方式有两种：

（1）地下室顶板结构设计时，综合考虑施工荷载进行临时道路、堆放区域加固。

该永临结合的加固方式比较简单，也比较经济，且不影响地下室后续施工作业。但需要提前规划好预制构件行车路线、构件堆放布置等。结构设计师应根据实际使用荷载进行地下室顶板结构设计，在进行顶板施工时即完成了加固。该加固方式原则上不得影响建筑内部空间布置，一般通过增加楼板钢筋、暗梁等方式实现。

（2）地库室顶板下面采用型钢支架或满堂支架加固。

该加固方法直观，易操作。但需要严格按加固方案组织现场实施，加强现场搭拆管理及施工期间巡查，严防随意拆除。加固区域应有明显标识。由于地下室内布置有支撑架体，地下后续施工有一定影响，此方法是目前运用较为普遍的一种加固形式。

4. 满堂脚手架加固

（1）满堂支撑架立面简图及计算单元示意如图 4-9 所示。

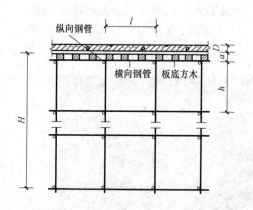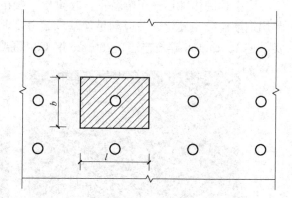

图 4-9 满堂支撑架立面及计算单元简图

图 4-10 地库顶板满堂加固排架

地库底板加固区域排架宜采用顶托传力，立杆纵横向间距一般为 600～900mm，立杆步距不大于 1.8m。满堂排架搭设参数应根据荷载计算结果确定，扫地杆、剪刀撑等构造要求应符合专项施工方案及国家现行标准《建筑施工脚手架安全技术统一标准》（GB 51210）、《建筑施工扣件式钢管脚手架安全技术规范》（JGJ 130）、《建筑施工安全检查标准》（JGJ 59）等要求（图 4-10）。

（2）顶板支撑加固计算示例。

行车荷载取值：

设预制构件运输车载重时（按载重量最大）重量为 $50×1.1＝55t$（车辆荷载动力系数取 1.1）（图 4-11）。

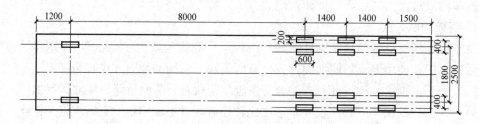

图 4-11 常见 PC 构件运输车示例

按《建筑结构荷载规范》（GB 50009）连续梁板的等效均布活荷载，可按单跨简支计算。但计算内力时，仍应按连续考虑。

按《建筑结构荷载规范》（GB 50009）单向板上局部荷载（包括集中荷载）的等效均

布活荷载 $q_e=8M_{max}/bL^2$。

式中：L——板的跨度，取最大轴线间距7800mm；

b——板上荷载的有效分布宽度；

M_{max}——简支单向板的绝对最大弯矩，按设备的最不利布置确定。构件运输车后车轮作用在跨中考虑，后轮均作用在一个共同的平面上，轮胎着地尺寸为0.6m×0.2m，后车轮作用荷载取55t，前车轮作用荷载不计（偏安全考虑）：$M_{max}=FL/4=550kN×7.8m/4=1073kN\cdot M$。

根据《建筑结构荷载规范》(GB 50009)局部荷载的有效分布宽度按公式(C.0.5-1)计算有效载荷面积（图4-12）。

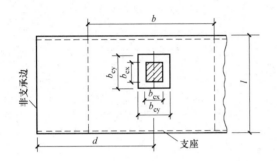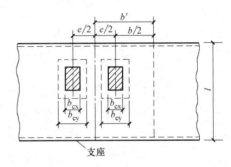

图4-12 有效载荷面积示意图

$b_{cy}=b_{ty}+2S+h=0.6+0.2×0+0.3=0.9m$

$b_{cx}=b_{tx}+2S+h=3.4+0.2×0+0.3=3.7m$

当 $b_{cx}\geqslant b_{cy}$，$b_{cy}\leqslant 0.6L$，$b_{cx}\leqslant L$ 时；

$b=b_{cy}+0.7L=0.9+0.7×7.8=6.36m$

因 $e<b$，故有效宽度 $b'=b/2+e/2=4.08m$

$q_e=8M_{max}/bL^2=8×1073÷4.08÷7.8^2=34.6kN/m^2$

偏安全考虑，不计算梁板的承载能力，只考虑支撑钢管的承载能力，按34.6kN/

m^2 计算。根据现场实际情况，顶撑架体采用顶托传力，立杆纵、横向间距均按600mm设置，水平杆步距为1500mm。根据《建筑施工计算手册》得知，每根 $\phi48×3.0$ 的钢管立杆容许荷载 $[N]=26.8kN$；计算单元为（1.8m×1.8m=3.24m²）共计9根立杆（图4-13）。

每根立杆的实际承载力 $N=34.6kN×3.24m^2÷9=12.5kN<[N]=26.8kN$。

满足要求。

计算支撑架的受压应力及稳定性：

1）根据荷载34.6kN/m²，每根立杆承受的荷载：

$N=0.6×0.6×34600N/m^2=12456N$

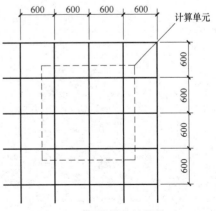

图4-13 钢管排架计算单元

2）钢管截面面积：$A = 424\text{mm}^2$；

3）立杆受压稳定性：$\sigma = N/(\phi A) \leqslant f$，长细比 $\lambda = L/i$，钢管回转半径，查表 $i = 15.8$，查《建筑施工手册 1》表 5-17，$\lambda = 1500/15.8 \approx 94.94$。

按 $\lambda = 95$，查轴心受压杆的稳定系数 $\phi = 0.676$，查《建筑施工手册 1》表 5-18，得 $\sigma = 12456/(0.676 \times 424) = 43.46\text{N/mm}^2 <$ 钢管立杆抗压强度的设计值 $[f] = 205\text{N/mm}^2$。

满足要求。

第**5**章

预制构件安装前的准备

5.1 安装辅材及配件准备

5.1.1 预制构件安装常用辅材与配件

预制构件安装前，应根据不同类型、部位的预制构件安装，准备好相应的吊具和索具，严禁乱用或混用。还应根据施工图纸的要求、预制构件类型及安装部位准备好安装辅材及配件。辅材与配件的型号、数量应满足构件安装需要，包括：

（1）用于调整标高的高树脂塑料垫块、钢垫块或调节螺栓。

（2）用于楼梯、外挂墙板等预制构件的连接，以及固定吊索具使用的安装螺栓。

（3）金属连接件，包括：用于预制墙体与水平构件之间的临时或永久性连接的 L 形金属连接件；用于墙与墙水平连接或柱与柱的垂直连接的型钢金属连接件；以及根据受力或特殊连接要求进行专项设计和加工制作的金属连接件。

（4）用于预制外墙水平缝外侧打胶背衬及封堵的方形或圆形 PE 棒。

（5）用于粘贴在预制墙板（如 PCF 板）的板缝内侧拼接处，防止现浇暗柱时混凝土漏浆的自粘性胶皮。

（6）用于外墙挂板密封防水的橡胶条及耐候胶。

（7）竖向构件和水平构件安装的临时支撑系统。竖向构件临时支撑系统一般采用可调节斜支撑进行固定，按构造形式包括伸缩调节式和螺旋调节式两种，水平构件临时支撑系统一般采用独立支撑和满堂支撑等形式。

（8）辅助预制构件吊装就位的牵引绳。牵引绳可使用尼龙绳（锦纶）、涤纶等材质。

（9）用于观察预制墙板、预制柱底套筒孔位、辅助墙板、柱预埋套筒对准楼层伸出钢筋的镜子。

（10）用于预制填充墙端部锚入现浇暗柱的连接螺杆。

（11）预制构件安装所需的专用工具设备及测量仪器。包括柱脚调节器、经纬仪、水准仪、红外线标线仪、红外线垂直投点仪、水平尺等。

（12）施工作业人员安全防护器具。包括安全帽、安全鞋、安全带、手套、防风镜等劳防用品，以及外围护、登高梯、安全警示牌等安全设施。

5.1.2 标高调节垫块或调节螺栓

柱、墙板等竖向预制构件安装时，需要调整标高。调整标高有螺栓调节和放置垫块调节两种方式。

标高调节垫块可选用塑料垫块或钢垫块，施工现场可根据设计或者实际情况选用。垫块可买加工好的成品，也可买板材现场切割，但必须注意做好安全防护工作。塑料垫块应选用强度高、弹性小的聚丙烯工程塑料。

垫块规格一般为 30mm×30mm（长×宽）、厚度有 2mm、3mm、5mm、10mm、20mm 等，构件安装时应根据调节高度，按实际需垫设厚度进行组合，采用不同厚度的垫块组合合理选用（图 5-1、图 5-2）。

图 5-1　圆形钢制垫片

图 5-2　方形塑料垫片

标高调节也可以通过预埋可调节螺母进行调节。调整标高如采用螺栓调节，应当在设计阶段向设计单位提出，应根据预制构件的规格确定螺栓型号、规格、强度等级及螺母的大小，并在预制构件制作时将螺母预埋到预制构件中。

螺栓调节一般采用 P 形螺母。预制构件安装时，须按设计单位要求选用螺栓，如设计无明确要求，应采用全扣大六角螺栓，螺栓长度与预埋螺母内丝长度相等。

5.1.3　安装螺栓

螺栓连接是装配式建筑结构中主要的连接形式之一。装配整体式混凝土结构体系中，螺栓连接主要用于外挂墙板、楼梯等预制构件的连接，以及固定吊索具使用。

常用螺栓按强度性能分为 3.6、4.6、4.8、5.6、6.8、8.8、9.8、10.9、12.9 九个等级。其中 8.8 级及以上螺栓材质为低碳合金钢或中碳钢，并经热处理，称为高强度螺栓，其余称为普通螺栓。

螺栓按头部形状可分为六角、圆头、方头、沉头等，需根据设计要求进行适当选择（图 5-3）。

螺栓按螺纹形式分为国际公制标准螺纹（公制扣）、美国标准螺纹、统一标准螺纹（应制扣）、圆螺纹、方螺纹等。我国普遍采用国际公制螺纹标准（公制扣）。

螺栓按螺纹长度，分为全螺纹（全扣）和半螺纹（半扣）螺栓；按安装位置尺寸，分为大六角头和六角平头螺栓；按产品等级，分为 A 级（精制）、B 级（半精制）、C 级（粗制）螺栓。

预制构件施工时，安装螺栓应严格按设计文件选用。采用螺栓安装固定吊索具时，安

图 5-3　各种螺栓照片

全系数不应小于 5。

5.1.4　金属连接件

　　预制构件金属连接件材质一般采用 Q235 碳素结构钢，螺栓连接件采用 A 级或 B 级，焊接件采用 C 级或 D 级。

　　按连接件常见形式，可分为七字码（也称 L 形角码）和一字码（图 5-4）。L 形角码

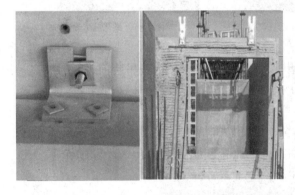

图 5-4　各类定制金属件

一般用于预制墙体与水平构件之间的临时或永久性连接等，一字码用于墙与墙水平连接或柱与柱的垂直连接等。

有特殊连接要求时，应根据预制构件重量、连接部位、连接形式等，进行专项设计和加工制作。

如连接需要承受垂直方向受力，应进行专项设计和定制加工，如采用侧翼加强型一字码等。

5.1.5　方形或圆形PE棒

PE棒主要用于预制外墙水平缝外侧打胶背衬，或填充墙外侧封堵。常用密封条包括方形密封条（图5-5）和圆形密封条（图5-6）两种。

方形密封条外侧便于打胶前的裁切调整，更有利于打胶厚度的控制，较圆形密封条更易压实，但需要根据实际情况进行定制加工。

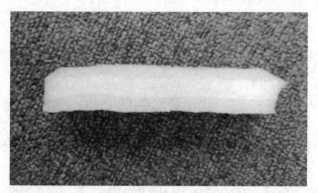 

图5-5　方形PE条　　　　　　　　　　图5-6　圆形PE条

预制外墙板和预制夹心保温墙外侧封堵时，密封PE条需在构件吊装前进行封堵。一般PE棒高度或直径应大于拼缝高度5mm以上。密封条宽度不宜超过20mm。密封PE条应具有一定的强度，能满足灌浆压力要求。

PE条定位应正确，与混凝土墙粘结牢靠，保证外侧打胶厚度及内部灌浆宽度。施工时应采取防止发生移动的措施，如采用双面胶条或产品自带粘性胶条，把PE条粘结在接缝表面混凝土上。混凝土表面灰尘应清洗干净，并干燥后再粘贴。

5.1.6　自粘性胶皮

自粘性胶皮一般宽度为100mm，粘贴在预制构件拼缝处，防止相邻现浇段混凝土浇捣时漏浆（图5-7、图5-8）。

5.1.7　密封用气密胶条

气密胶条分为大号气密条与小号气密条（图5-9），主要用于预制外墙挂板、内嵌外围护墙板的密封防水。安装内嵌外围护墙板和预制夹心保温墙时，构件吊装前需在外侧采用密封条进行封堵。外挂墙板吊装前，需要先用耐候胶粘贴好气密胶条（图5-10）。

图 5-7　自粘性胶皮粘贴示意

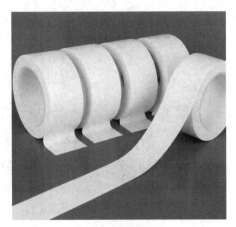

图 5-8　自粘性胶皮

图 5-9　大小号橡胶条

图 5-10　外挂墙板吊装前粘贴橡胶条

密封用橡胶气密条应具有良好的弹性和抗老化性能，低温时能保持弹性，并不应发生脆性断裂，宜采用三元乙丙橡胶、硅橡胶或氯丁橡胶。

5.1.8　预制构件临时支撑

预制构件安装临时支撑，包括竖向构件临时支撑和水平构件临时支撑。

预制柱、预制墙等竖向构件临时支撑系统，一般采用可调节斜支撑进行固定。斜支撑按构造形式可分为伸缩调节式和螺旋调节式两种。伸缩调节式斜支撑由套管、插管和支撑头三部分组成。该斜支撑优点是调节幅度大、通用性强；缺点是调节误差比较大。螺旋调节式斜支撑由内螺纹套管、外螺纹丝杠、支撑头等组合而成。

斜支撑如采用钩式连接，需要配合锁紧螺母及固定拉环使用（图 5-11）。该斜支撑优点是固定后精度高、误差小、调节方便；缺点是调节范围比较小，一般在 0.4m 左右，需要根据实际支设长度选用，通用性相对较差。

预制梁、预制板以及预制阳台等水平构件临时支撑系统，一般采用独立支撑和满堂排架等形式。预制水平构件临时支撑搭设方法，应在施工前进行策划，并根据受力计算确定。

满堂排架搭设要求同现浇梁板施工要求。

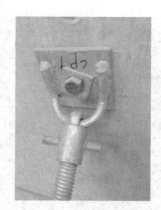

图 5-11　预制墙板临时斜支撑

独立支撑又称为独立可调钢支撑，包括套管、插管、支撑头和配套三角支架组成（图 5-12）。支撑头有平板形顶托和 U 形支托两种形式。

5.1.9　牵引绳

预制构件吊装过程中，有时需要使用牵引绳辅助吊装就位。牵引绳可使用尼龙绳（锦纶）、涤纶等材质（图 5-13）。棉麻绳、钢丝绳不得作为牵引绳。

图 5-12　叠合板独立支撑

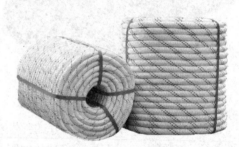

图 5-13　牵引绳

5.1.10　小镜子

预制墙板安装时，工人可通过安放在地上的小镜子观察墙板底套筒孔位，挪动墙板使楼层伸出钢筋准确对准套筒并插入钢套筒孔位内（图 5-14）。

图 5-14　底部放设小镜

5.1.11　接驳螺栓

预制填充墙一般采用直径14mm接驳螺栓与现浇暗柱连接。为便于预制填充墙两侧暗柱钢筋绑扎方便，应先绑扎暗柱钢筋，然后拧设接驳螺杆（图5-15）。接驳螺杆丝头约55mm长，需全部用扳手拧入预制墙板预埋螺孔内。相邻填充墙接驳螺杆设计时应上下错位，防止螺杆相碰。

如暗柱偏位导致接驳螺杆无法锚入暗柱钢筋时，需加设构造钢筋。

5.1.12　仪器与设备

预制构件安装时，用于安装、校正构件垂直度、标高、轴线的工具与仪器主要包括：

（1）柱脚调节器。

（2）全站仪（经纬仪）（图5-16）。

（3）红外线标线仪（图5-17）。

（4）水准仪及塔尺（图5-18、图5-19）。

（5）红外线垂直投点仪。

（6）水平尺等。

图5-15　接驳螺栓

图5-16　全站仪

图5-17　红外线标线仪

图5-18　水准仪

图 5-19　塔尺

5.1.13　安全防护器具

预制构件安装时，应加强安全管控，设置安全警示牌、警示带等，按施工方案搭设外围护、脚手登高、楼层施工登高梯等安全设施，配置施工作业人员安全作业所需的安全帽、安全鞋、安全带、手套、防护镜等劳防用品（图 5-20）。

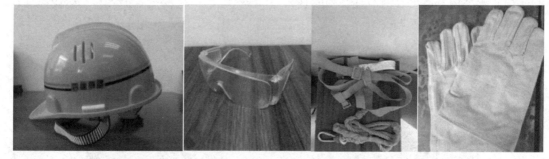

图 5-20　个人安全防护用品

5.2　施工作业面条件检查

预制构件安装前，除了需要准备好相关的设施设备、辅材、配件外，还应做好作业面的准备工作。

预制构件安装前应对施工作业面条件进行检查验收，符合要求后方可进行安装施工。施工作业面条件检查主要包括以下几个方面：楼层预留钢筋检查、预埋件检查、现浇结构面的检查等。

每个单体建筑从开始安装预制构件的楼层称为转换层，转换层是由现浇施工向预制构件施工的过渡层。现浇楼层预埋按楼层可分为转换层预埋和标准层预埋。按预埋内容包括预制剪力墙插筋、预制柱插筋、预制填充墙插筋及斜支撑预埋件等。预埋插筋及预埋件正确与否将直接影响预制构件能否安装及安装精度，并直接影响施工进度。

预埋插筋及预埋件偏差较大时，预制构件安装速度会大幅度降低。其中转换层由于预埋工作量较大、重视程度不够、施工磨合等各种原因，特别容易导致预埋件偏差大，导致构件安装时间长，施工进度较标准层慢。

5.2.1 现浇转换层预留钢筋控制

1. 转换层预留钢筋长度控制

预制构件预埋钢筋应按深化图纸要求预留预埋。预埋钢筋插入灌浆套筒内的长度至少 $8D$（D 为钢筋的直径），$8D$ 锚入套筒内的长度是确保钢筋与套筒连接的基础，只允许正偏差，不允许负偏差。钢筋现场预埋长度允许偏差为 $+10\sim0$mm，钢套筒内预留了钢筋正偏差约 10mm 的长度空间（图 5-21、图 5-22）

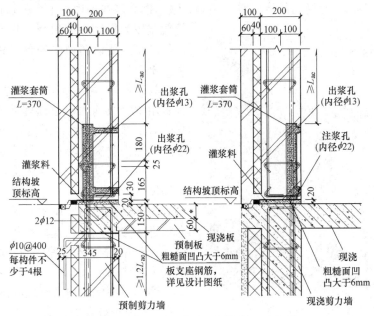

图 5-21　预制剪力墙预埋钢筋剖面示意图

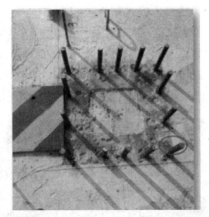

图 5-22　转换层钢筋预留预埋

考虑到现场标高控制有偏差，无法保证外露钢筋在同一标高上，同时钢筋端头一般会存在不平整，预埋钢筋时宜在 $8D+10$mm 的计算长度基础上，加长 $10\sim20$mm，混凝土浇筑后预制构件吊装前，复测标高后用切割机切平整，预插钢筋经过统一切割和倒角处理后，可消除原来钢筋切割机留下的钢筋端部不平整、偏心等问题，预制构件安装时，预留钢筋更容易插入构件套筒内。

2. 转换层预留插筋平面定位要求

现浇层预留钢筋平面位置允许偏差要求为0～3mm。过大的偏差会导致预制墙板或预制柱无法安装或安装调整不到位。预制填充墙底部预留螺纹盲孔，预留插筋起到定位的作用，相对剪力墙较易安装。预制剪力墙或预制柱底部预留钢套筒，预留钢筋须穿入钢套筒内起到锚固连接作用，钢套筒钢筋灌浆连接属于钢筋连接一级接头，连接不良将对建筑结构产生影响。

预埋钢筋在灌浆套筒内的侧向空间相对有限，钢套筒在预埋时也会存在偏差，预留钢筋偏差较大极易导致预制墙板或预制柱安装就位困难，所以转换层的预留钢筋偏差控制十分重要。

为确保转换层预留钢筋现场定位准确，宜采用钢套板辅助定位预埋插筋。钢套板厚度应有足够刚度，一般厚度不小于5mm，可通过折边横肋提高套板周转次数。钢套板每隔一定距离留设洞口，便于混凝土浇捣插入振捣棒（图5-23）。

为确保插筋相对位置正确，套板开孔宜电脑机床开孔，开孔直径比预埋插筋直径大约3mm，便于套入预埋钢筋，增加钢套板重复利用次数。

钢套板面标高宜高出现浇混凝土面20～

图5-23　剪力墙钢套板安装示例

30mm。钢套板安装应正确牢固，平台板上弹设控制线，通过控制线引测预制构件的平面位置和插筋位置，套板上应弹出柱子或墙体中心线，正确调整固定，确保钢套板整体位置正确牢靠（图5-24）。为钢套板校正定位正确后需焊接固定。

为避免后续施工对插筋的扰动，应待其他工种完成作业后，混凝土浇筑之前再固定插筋，保证转换层插筋的准确性。

预埋插筋定位也可通过小型型钢制作定位板进行定位（图5-25），预埋插筋烧焊扁钢

图5-24　平台弹设控制线

图5-25　型钢定位套板示例

定位（图 5-26）。

预埋钢筋垂直度控制，可通过在钢套板上焊接短钢管，同时也可保护预留钢筋外露部分不受混凝土污染（图 5-27）。预留钢筋钢套板须定位准确，可用手扳葫芦校正定位（图5-28）。

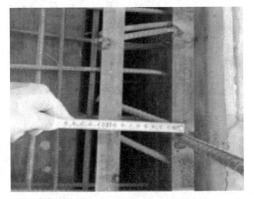

图 5-26 预埋插筋扁钢定位示例

图 5-27 柱子钢筋定位钢套板

浇捣混凝土后发现预埋钢筋存在较大偏差时，应进行校正。正确做法是，应凿去预埋钢筋周边现浇混凝土，然后采用 1：6 钢筋弯折的方法纠正偏差（图 5-29）。严禁切割及高温烘烤后弯折，钢材烘烤后会退火导致强度降低，另外，弯折部位直径减小产生缩颈现象。

图 5-28 手扳葫芦校正定位柱子钢套板

图 5-29 预埋钢筋纠偏

吊装前，须清理干净留在钢筋表面的混凝土残渣，浇捣混凝土前预埋钢筋表面还需进行防污保护，如用套管或其他材料包裹（图 5-30）。预埋钢筋表面如不进行保护，浇捣时混凝土会污染钢筋表面，灌浆时钢筋表面的混凝土在高强灌浆料与钢套筒内壁间形成隔离层，高强灌浆料对钢筋的握裹力降低，影响钢筋套筒灌浆连接效果。

标准层为预制构件上的伸出钢筋，考虑到预制构件特别是预制墙板，生产时存在偏差，在吊运、堆放及施工过程中易被碰撞歪斜（图 5-31），预制墙板安装前和混凝土浇捣前，施工人员仍须对外伸钢筋进行检查校正，为上层预制墙板安装提供良好的基层面。检查复核的工具也可采用定位钢套板，钢套板套入预制墙板外伸钢筋后方可浇捣现浇混凝土。

图 5-30　预埋钢筋清理及保护措施

图 5-31　预制墙板外伸钢筋
有歪斜须用套板检查校正

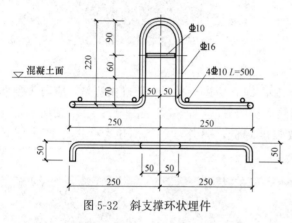

图 5-32　斜支撑环状埋件

5.2.2　斜支撑埋件

斜支撑楼层埋件较多采用环状埋件（图 5-32）。埋件需按设计图进行专业加工，采用一级圆钢，直径应与斜支撑杆拉钩配套，一般直径为 16mm，埋设位置根据埋件定位图布置，按实际斜支撑长度适当调整，确保斜支撑与地面的夹角在 45°～60° 之间。

埋件伸出结构面高度一般为 150mm，过低会导致斜支撑杆连接空间狭小，过高埋件易变形不稳定（图 5-33）。

图 5-33　斜支撑埋件埋设过高

斜支撑埋件需埋设在斜支撑杆平面内。如斜支撑埋件错误地埋设成与斜支撑面垂直，斜支撑埋件易产生变形，从而导致竖向预制构件不稳，发生倾斜。

5.2.3　对现浇结构面的要求

预制剪力墙板、预制柱吊装前应复核现浇结构面层标高，凿除过高混凝土，并复核剪力墙、柱外伸钢筋位置及长度，保证钢筋能插入钢套筒且钢筋插入钢套筒内的长度不小于 8D。现浇结构面检查内容主要包括：

1. 预埋插筋检查内容

现浇混凝土浇筑前后，均应对预制构件与现浇混凝土连接部位的预留插筋做如下检查：

（1）根据设计图纸检查预留钢筋的型号、规格、直径、数量及尺寸是否正确，保护层是否满足设计要求。

（2）检查钢筋是否有锈蚀、油污、垃圾等，如有应及时清除干净。

（3）根据楼层标高控制线，复核外露钢筋预留搭接长度是否符合图纸设计要求。

（4）根据楼层轴线控制线，复核外露钢筋间距和位置是否准确，固定是否牢靠。

（5）混凝土浇筑完成后，需再次对伸出钢筋进行复核检查，其长度偏差不得大于 5mm，位置偏差不得大于 2mm。

如发现上述问题应及时对伸出钢筋采取更换、修理等措施，确保后续预制构件顺利安装和结构整体安全性。

2. 现浇结构面的标高复核

预制墙板与现浇结构面之间一般留有 20mm 水平缝，如预制墙板采用连通孔灌浆，须确保水平缝的最小缝宽不小于 15mm，避免缝宽过小导致灌浆料浆不能正常流动，影响套筒内浆料密实度。预制墙板下现浇层标高宁低勿高。构件吊装前应复核楼层高度，如发现楼面混凝土超高，须凿去高出部分混凝土后方可吊装（图 5-34）。

图 5-34 过窄的水平留缝将导致无法连通孔灌浆

3. 现浇结构面质量检查

混凝土浇筑完成，且模板拆除后，应对预制构件连接部位现浇混凝土质量进行检查。具体检查内容有：

（1）通过目测观察混凝土表面是否存在漏振、蜂窝、麻面、夹渣、露筋等现象，现浇部位是否存在裂缝。如果存在以上质量缺陷问题，应先采用同等级强度混凝土或高强度灌浆料进行修补。

（2）采用卷尺和靠尺检查现浇部位截面尺寸是否正确，如存在胀模现象，需进行凿除等处理。

（3）采用检测尺对现浇部位垂直度、平整度进行检查。

4. 预制构件下现浇楼层粗糙面要求

按现行国家标准《装配式混凝土建筑技术标准》（GB/T 51231—2016）第 5.7.7 条规定，当采用套筒灌浆连接时，预制剪力墙底部接缝宜设置在楼面标高处，接缝高度不宜小于 20mm，宜采用灌浆料填实，接缝处混凝土上表面应按要求设置粗糙面（图 5-35）。

该处设粗糙面对外墙防水和地震作用下水平接缝的抗剪都有一定作用。

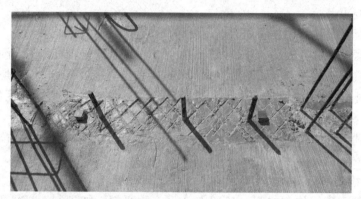

图 5-35　现浇楼层混凝土表面粗糙面处理

5.3　构件安装劳动力组织

5.3.1　班组组成

构件安装与现浇施工组织大体相同，但施工工艺和施工工种有其独特性。预制构件安装前应对施工工序进行策划，确保安装顺利进行。

项目部应建立进度、质量、安全等管理体系，完善构件生产、运输、进场存放和安装详细计划，建立健全项目管理团队。项目管理团队应包括指导预制构件实施的技术、测量、质量和安全监管人员。

预制构件安装前，应按进度计划、工作内容和工作量配置相应数量的作业班组和劳动力。

项目部应在预制构件安装前选择好相应的施工班组。预制构件施工班组应包括安装工、临时支撑工、测量工、起重工、司索工、塔式起重机操作工等相关技术工种和班组。

项目部根据施工需要，在施工界面清晰，无相互干扰和影响的情况下，可安排若干个预制构件安装班组施工。

预制构件安装班组一般由 10～11 人组成，其中堆场区域：挂钩起吊 2 人、司索工 1 人；操作层面：测量放线校核 1 人、吊装 3～4 人、固定校正 2 人、司索工 1 人（见表 5-1）。

5.3.2　班组培训内容

施工班组人员需进行培训考核后方可进行相关作业，起重工、司索工、安装工、塔式起重机操作员等特殊工种需持证上岗。

	班组人数及分工表	表 5-1
位置	分工	人数
堆场区域	挂钩起吊	2人
	司索工	1人
操作层面	测量放线校核	1人
	吊装	3～4人
	固定校正	2人
	司索工	1人
总人数		10～11人

施工前，项目部应根据项目特点，结合项目施工目标要求等，制定各工种施工标准和操作规程，对施工班组进行实施前的培训、交底、作业指导和目标考核等。

（1）施工班组培训：内容应包括预制构件吊运安装技术、质量、安全要求及操作流程等方面。

（2）技术培训：主要包括各类与预制施工相关的专项施工方案和施工要求。专项方案包括构件场内运输存放方案，构件保护措施；塔式起重机的选型和布置方案，吊索具设计制作及吊装方案，转换层预埋钢筋定位方案，预制构件临时支撑方案，脚手架方案，构件接缝施工方案，构件表面处理方案，产品保护方案等。

（3）质量培训：内容包括现场作业面质量检查；预制构件安装质量自检；质量检查内容、检查标准、检查方法及检查工具等。

（4）安全培训：内容包括施工现场安全知识、预制构件搬运、堆放、起吊、安装、校正及临时固定等各工序施工安全操作规程；作业人员的自我防护包括个人防护用品穿戴使用等，提高作业人员的安全意识及自我安全防范能力。如构件安装安全操作规程，安全设施使用方法及要求、临时用电安全要求、临时用电安全要求、动火作业要求、起重机吊具吊索检查及日常维护要求；劳动防护用品使用要求等。

培训时应根据作业人员的文化水平、理解能力、流动性等特殊性，采用合适的形式、方法进行，宜采用图文并茂、视频播放、通俗易懂的方式方法进行，以便班组作业人员正确理解、深刻领会、牢固掌握、顺利实施。

5.3.3 预制构件安装劳动力组织

预制构件吊装前，应根据项目总进度计划，编制构件安装施工计划，并应根据项目特点，编制各楼层构件安装流程和实施计划。

构件安装过程中，安装班组分工明确及密切配合，有助于构件顺利安装，减少安装时间，提高安装效率。

对于群体工程，在工期允许的情况下，应优先采用流水施工方式施工组织。楼层施工涉及预制构件安装组、钢筋组、排架组、模板组、机电安装组、混凝土浇筑组等，按3～4栋楼为一个流水节拍比较经济合理。

在预制构件安装班组技能较为熟练的情况下，不同类型预制构件安装难易程度稍有不同，单个构件安装用时也有所不同。不考虑准备时间的情况下，单个水平构件安装平均用时 15～20min，竖向构件安装平均用时 15～25min，每栋楼平均一天可吊装 40～50 个构件。

正常情况下各类预制构件吊装时间（不考虑准备时间）见表 5-2。

预制构件吊装时间（不包括准备时间）　　　　表 5-2

构件名称	吊装用时（min）	构件名称	吊装用时（min）
预制柱	20	预制楼梯	20
预制梁	15	预制阳台、空调板	12
预制楼板	12	预制剪力墙板	15

构件吊装时间会因操作人员的熟练程度、设备优劣，以及现场预留预埋、构件制作质量等因素的影响而有所差别。

转换层为预制构件首层安装，由于预制构件安装班组有一个熟悉现场、熟悉构件相互连接的过程，加之预留预埋偏差等因素，安装时间会比标准层长，一般需要 12 天左右。首层预留预埋精确度的提升，班组进行岗前学习和培训，认真做好安装前的准备工作，熟悉构件吊装流程、吊装要求和操作要点等，有助于顺利安装预制构件，节约工期。

预制构件安装过程中，科学合理地安排水电管线敷设、楼板排架搭设等工作，有助于减少窝工，加快施工进度。装配式建筑剪力墙结构标准层施工流程及主要内容：

第一天：（1）根据控制轴线和标高进行测量定位；
　　　　（2）预留钢筋复核、校正；
　　　　（3）预制墙板安装；
　　　　（4）N－1 预制楼梯安装。

第二天：（1）预制墙板安装；
　　　　（2）竖向钢筋绑扎；
　　　　（3）竖向构件内水电管线安装。

第三天：（1）竖向构件内水电管线安装；
　　　　（2）现浇墙体、暗柱模板安装；
　　　　（3）剩余竖向钢筋绑扎；
　　　　（4）搭设楼板排架。

第四天：（1）叠合楼板吊装；
　　　　（2）楼板排架搭设；
　　　　（3）现浇楼板模板校正；
　　　　（4）梁底板与梁侧模板安装。

第五天：（1）叠合楼板吊装；
　　　　（2）现浇层梁板钢筋铺设；
　　　　（3）楼板机电管线敷设安装；
　　　　（4）预留预埋及钢筋、模板复核校正；
　　　　（5）阳台和空调板安装。

第六天：（1）质量验收与调整；
　　　　（2）浇筑混凝土。

5.4　构件安装技术交底

5.4.1　技术交底概述

本书所述技术交底包括技术、质量、安全等内容交底，主要涉及设计图纸交底、深化设计图交底、构件加工图交底、施工组织设计交底、专项施工方案交底、质量保证措施交底、安全保证措施交底等。

技术交底是现场管理极为重要的一项工作，是施工策划的延续和完善，也是工程质量和安全生产预控的关键之一。其目的是使参与建筑工程施工的技术人员与作业人员了解所承担的工程项目的特点、设计意图、技术要求、施工工艺及应注意的问题。了解本工程的特定施工条件、施工组织、具体技术要求和有针对性的关键技术措施，系统掌握工程施工过程全貌和施工的关键部位，通过技术交底，使每一个参与工程施工操作的工人，了解自己所要完成的分部分项工程的具体工作内容、操作方法、施工工艺、质量标准和安全注意事项等，做到任务明确，有序施工，减少各种质量通病，提高施工质量。

1. 施工设计图交底

开工前，对施工图纸及深化图纸进行细致会审，会审发现的问题及时与设计沟通并在设计交底会议上提出。设计提出的要求及各项注意事项应及时组织相关人员进行学习，并形成交底会议纪要。

施工图交底和深化设计图交底由建设单位、监理单位组织设计单位、总包单位、构件加工制作单位等相关人员参加。构件加工图交底由构件加工制作单位组织相关人员参加。

2. 施工组织设计交底

（1）施工组织设计总交底：由项目技术负责人把主要设计要求、施工部署、施工流程、施工措施以及重要事项对项目主要管理人员进行交底。

（2）专项施工方案技术交底：由项目技术负责人或专业技术负责人根据专项施工方案要求对专业工长、专业分包等进行交底，明确施工流程、技术质量要求、质量标准、安全操作要点等。

3. 分项工程施工技术质量交底

由专业工长、专业分包对专业施工班组进行交底。明确班组的施工内容、施工流程、进度质量要求及安全注意事项等。

4. 设计变更技术交底

设计变更技术交底，由项目技术部门根据变更要求，并结合具体施工步骤、措施及注意事项等及时对施工人员、专业工长进行交底。

5. 安全技术交底

安全技术交底贯穿施工组织设计交底、专项施工方案交底及各分项工程施工交底。项目施工管理人员应将安全施工的有关要求向施工作业班组、作业人员交底。施工管理人员还应对作业人员进行专门安全交底，明确各工序安全操作要点、安全技术措施、个人安防要点及应急措施等。

5.4.2 预制构件安装技术交底内容

1. 设计交底

施工图、深化设计图、构件加工图交底。

2. 施工方案交底

开工前编制安装专项方案，如涉及评审要求应按相关要求组织评审。专项方案须经单位技术负责人或授权人、项目总监理工程师审批通过。正式施工前，项目部应组织相关管理人员、施工人员、预制构件班组进行施工技术交底，并保存交底记录。

施工前，按照技术交底内容和程序，逐级进行技术交底。必须向吊装工长及吊装班组长和一线作业人员进行详细的技术交底，充分理解 PC 构件图，熟悉掌握每一道工序流程和施工方法。通过对不同技术工种进行针对性交底，按施工操作要求实施，确保安装过程中各项施工方案和技术措施落实到位，各工序控制符合规范和设计要求。

3. 技术交底

（1）工程概况。

（2）预制构件概况。

（3）设计图纸的具体要求、做法及其特点、难点。

（4）施工方案的具体要求、安装方法、安装流程和操作规程。

（5）关键部位及其实施过程中可能遇到问题与解决办法。

（6）施工进度要求、工序搭接、施工部署与施工班组任务确定。

（7）施工中所采用主要施工机械型号、数量及其进场时间、作业程序安排等问题。

（8）预制构件安装质量标准要求、管理要求、奖罚措施。

（9）施工安全管理要求、技术措施及其注意事项、奖罚措施等。

（10）产品保护。

（11）绿色施工、文明施工、综合管理。

（12）主要事件的应急措施、启动程序、应急小组人员名单及联系电话。

参加交底的人员应包括项目经理、项目技术负责人、生产经理、安全员、质量员、测量员、劳务员、技术员、施工员、起重工、司索工、安装工、班组长等。

构件安装技术、质量、安全交底记录格式见表 5-3～表 5-6。

构件安装技术质量交底记录表　　　　　　　　　　　　　表 5-3

项目名称				
交底人				
交底日期	年　月　日		交底地址	

交底内容：

1. 主要交底内容摘要如下：

2. 详细交底内容见交底记录附件。

(见附件)

参加交底人员	

构件安装安全交底记录表　　　　　　　　　　表 5-4

项目名称			
交底人			
交底日期	年　月　日	交底地址	

交底内容:

参加交底人员	

构件安装施工技术质量交底记录表（实例-摘录）　　　　表 5-5

项目名称		××项目	
交底人		××(须签字)	
交底日期	××年××月××日	交底地址	××项目部会议室

交底内容:

1. 主要交底内容摘要如下:

(1)工程概况及预制构件概况;

(2)设计图纸的具体要求、做法及其特点难点;

(3)施工方案的具体要求、安装方法、安装流程、操作规程;

(4)关键部位及其实施过程中可能遇到的问题与解决办法;

(5)施工进度要求、工序搭接、施工部署与施工班组任务确定;

(6)施工中所采用主要施工机械型号、数量及其进场时间、作业程序安排等;

(7)施工安全管理要求,技术措施;

(8)预制构件安装质量标准要求,管理要求;

(9)产品保护要求;

(10)注意事项及奖罚措施等。

2. 详细交底内容见交底记录附件。

(见附件)(略)

参加交底人员		
		(须签字)

<h2 style="text-align:center">预制构件安装安全交底记录表（示例-摘录）</h2>

表 5-6

项目名称	××项目		
交底人	××(须签字)		
交底日期	××年××月××日	交底地址	××项目部会议室

交底内容：

1. 严格按专项方案进行施工准备和组织施工。

2. 预制构件吊装前，将根据设计图纸构件的尺寸、重量及吊装半径选择合适的吊装设备，并留有足够的起吊安全系数，吊装期间严格保证吊装设备的安全性。

3. 操作人员全部持证上岗。操作人员必须身体健康，并经过专业培训考试合格，在取得有关部门颁发的操作证或特殊工种操作证后，方可独立操作。

4. 操作人员进入现场，必须戴好安全帽，扣好帽带，并正确使用个人劳动防护用品。

5. 吊装及装配现场设置专职安全监控员，专职安全监控员应经专项培训，熟悉预制构件安装工况。

6. 起吊应依设计起吊点数施工，且须备妥适合吊具。吊前应检查机械索具、夹具、吊环等是否符合要求。用于PC结构的吊装设备，机具及配件，必须具有生产(制造)许可证，产品合格证，并在现场使用前，进行查验和检测，合格后方可投入使用。吊索具须由专人管理，定期进行检查、维修和保养，建立相应的资料档案。

7. 吊车行走道路和工作地点应坚实平整，以防沉陷发生事故。

8. PC构件轻吊轻放，吊装前应在工作面放置软质物(如橡胶块)。构件堆放应控制高度，叠合板堆放不宜超过6层，楼梯堆放不宜大于2层。

9. 起重人员应明确构件重量后方可起吊，并应进行试吊。起吊离地时须稍作停顿，确定吊举物平衡及无误后，方得向上吊升。

10. 安装作业区5～10m范围外应设安全警戒线，派专人把守，无关人员不得进入警戒线，专职安全员应随时检查各岗人员的安全情况。

11. 在吊装区域下方用红白三角旗设置安全区域，配置相应警示标志，安排专人监护，该区域不得随意进入。起吊预制构件时，不宜中途长时间悬吊、停滞。下方不应站人。

12. 吊装时必须有统一的指挥、统一的信号。夜间作业须办理相关手续，并应有良好的照明。

13. 当构件吊至操作层时，操作人员应在楼内用专用钩子将构件上系扣的缆风绳引导至楼层内，然后将外墙板牵引到就位位置。

14. 柱子完成安装调整后，应于柱子四角加塞垫片增加稳定性与安全性。墙、柱、梁等构件安装就位时，必须加挂牵引绳，以利作业人员拉引。PC构件吊装应单件(块)逐块安装，起吊钢丝绳长短一致，两端严禁一高一低。PC外墙板吊装时，操作人员应站在楼层内，佩戴穿芯自锁保险带并与楼面内预埋件(点)扣牢。

15. 起重吊装所用钢丝绳，不准触及有电线路和电焊搭铁线或与竖硬物体摩擦。

16. 在装卸、起吊、安装预制构件时，司索工旁站指挥。严禁私自离岗，严密监视安装工人是否违规、危险作业。发现安装工人违规、危险作业，应立即制止，并向项目部汇报。

17. 高空作业人员不得喝酒。穿着要灵便，禁止穿硬底鞋、高跟鞋、塑料底鞋和带钉的鞋。必须系安全带，安全带生根处需安全可靠。

18. 构件就位时，使用撬棒等工具，用力要均匀、要慢、支点要稳固，防止撬滑发生事故。构件在未经校正、焊牢或固定之前，不准松绳脱钩。就位固定后，方可摘钩。

19. 安全防护采用围挡式安全隔离时，楼层围挡高度不低于1.50m，阳台围挡不应低于1.2m，楼梯临边应加设高度不小于1.2m的临时栏杆。

20. 指挥过程中，严格执行信号指挥人员与塔式起重机司机的应答制度，即：信号指挥人员发出动作指令时，塔式起重机司机应答后，信号指挥人员方可发出塔式起重机动作指令。

21. 指挥过程中，要求信号指挥人员必须时刻目视塔式起重机吊钩与被吊物，塔式起重机转臂过程中，信号指挥人员还须环顾相邻塔式起重机的工作状态，并发出安全提示语言。安全提示语言明确、简短、完整、清晰。

22. 作业人员必须严格执行"十不吊"的规定，并执行低塔让高塔；后塔让先塔；动塔让静塔；轻车让重车的运行原则。

23. 遇到雨、雪、雾天气，或者风力大于6级时，不得吊装PC构件。

24. PC结构吊装、施工过程中，项目部相关人员应加强动态的过程安全管理，及时发现和纠正安全违章和安全隐患。督促、检查PC结构施工现场安全生产，保证安全生产投入的有效实施及时消除生产安全事故隐患。

25. 预制构件安装过程中，遇特殊情况、紧急情况，应立刻向项目管理人员汇报或拨打电话TEL:××。如遇危及人身安全时，应立即撤离现场，并及时上报项目经理或项目安全负责人

参加交底人员		(须签字)

5.5　预制构件安装策划及专项方案示例

5.5.1　专项施工策划

预制构件安装应提前进行施工策划和方案编制。施工方案可以是装配式施工组织设计中预制构件安装专篇，也可以是预制构件专项施工方案。施工方案应由项目经理组织项目技术负责人、施工员、质量员、安全员等主要岗位，讨论预制构件安装计划、技术路线等。

专项施工策划应包括：预制构件深化设计配合和衔接、构件加工制作计划与管控、预制构件运输路线、预制构件吊装计划、施工总平面布置、构件最大重量及分布位置、塔式起重机型号及位置、塔式起重机基础形式、构件堆场位置、现场运输道路加固等内容。

根据预制构件安装特点，选择专业的分包单位、施工班组也是策划的主要内容之一。同时，还要根据情况，对施工管理人员进行图纸学习、专业知识培训等。

在深化设计时，需提供准确的塔式起重机附墙位置和标高、施工电梯附墙位置和标高、外脚手架形式以及其他现场需要的预留预埋位置，如钢梁固定埋件、拉结埋件等。

预制构件吊装顺序和钢筋避让、综合管线预埋位置、外墙板饰面的做法等技术要求也应在构件制作前明确。

构件生产单位应编制构件加工及运输方案。加工计划应满足现场施工要求，并应有生产质量及运输安全保证措施。

专项施工策划可以同时进行，也可以根据施工进展，分时段进行但应综合考虑，统筹兼顾，前后协调一致。

5.5.2　专项施工方案编制及审批

开工前，应根据设计图纸、地质资料、法律法规、规范图集等资料，并结合现场情况，由项目经理组织项目技术负责人、项目施工人员等编制有针对性的施工专项方案。

预制构件安装专项施工方案的编制应由项目技术负责人组织进行。涉及专业分包单位时，可由专业分包单位组织进行。专业分包单位审批通过后再报总包单位审批。最后经监理、业主审核通过后才能执行。涉及专家论证要求时应及时组织专家评审论证，论证通过后方可实施。严禁无施工方案或审批论证未通过的情况下进行施工作业。

各阶段策划书可独立形成专项方案，也可以作为装配式建筑施工组织设计的专篇，包括：

（1）现场构件堆放方案：内容包含工程特点、水平构件堆放层数、水平构件堆放高度、竖向构件堆放架的设计与计算、堆放平面布置图等内容，并附相应的堆放架抗倾覆计算书和平面布置图。

（2）现场吊装方案：内容包含塔式起重机或汽车式起重机型号、吊装范围、构件重量、构件尺寸、堆场位置、塔式起重机或汽车式起重机位置等内容，并附相应吊装能力的计算书和平面布置图。

（3）地库顶板预制构件运输道路、堆场加固施工方案：包含加固方式、道路堆场位置、荷载取值等内容，并附相应的顶板加固计算书和平面布置图，加固方案和计算书需经设计审核通过后方可实施。

（4）叠合梁板支撑方案：包含支撑方式选择、间距设置、标高控制等内容，并附相应支撑计算书和平面布置图。

（5）塔式起重机等吊装机械设备施工方案：应包含基础形式、安装高度、型号、附墙位置，安装位置等内容，并附相应的基础计算书。

（6）脚手架/外防护专项方案：应包含脚手架/外防护的形式、布置、叠合楼板和外墙板的预留预埋等内容，并附相应计算书和平面布置图。预埋及预留方案和计算书需经设计审核通过后方可实施。根据规定需要评审时，应及时进行专家评审。

涉及预制构件安装施工的内容，原则上应形成专项施工方案。专项施工方案内容应包含场内 PC 运输道路布置、PC 运输道路加固方案、塔式起重机型号及位置、塔式起重机基础形式、构件堆场位置、构件最大重量及分布位置，并附相应计算书和平面布置图等。

5.5.3　预制构件安装专项方案交底

预制构件安装施工前，应组织相关人员进行专项施工方案交底。

现场施工方案交底由项目经理、生产经理、项目技术负责人、专职安全负责人、质量负责人等项目主要管理人员组织进行，参加交底的人员包括项目施工员、质量员、测量员、技术员、安全员、材料员、机管员、资料员等施工管理人员，以及参加构件安装的施工班组长、技术负责人、安全负责人、质量负责人、大型机械设备驾驶员、司索工、架子工等相关人员。交底主要内容为专项施工方案内容，包括施工技术路线、吊装进度、吊装顺序、吊装方法、质量标准、安全措施、操作要求等。

安全技术措施交底由生产经理、项目技术负责人、专职安全负责人对参加构件安装全体操作人员进行的施工前的安全交底。交底内容主要是安全管理要求、施工工艺安全操作规程、个人安全防护要求等。

所有技术交底均需要留存书面交底记录，记录交底主要内容、时间、交底人和被交底人等主要信息。

施工期间严格检查施工人员对于相关交底内容的执行力度，发现问题及时纠正。

5.5.4　预制构件安装专项方案（示例）

以某预制构件安装专项方案为示例。

1. 预制构件安装专项方案目录（参考）

（1）工程概况

（2）编制依据和说明

（3）工程特点、重点、难点分析及对策

（4）施工组织构架及管理体系

（5）施工总体部署

（6）施工平面布置

（7）机械设备选择及布置

（8）施工进度计划及保证措施

（9）预制构件安装施工方案

（10）预制构件堆放、运输道路加固方案

（11）预制构件堆放架设计及计算

（12）工程质量保证措施

（13）安全生产、文明、绿色施工保证措施

（14）应急预案

（15）计算书

① 构件堆放和运输道路加固计算书

② 堆放架计算书

③ 斜支撑计算书

④ 吊索具计算书

⑤ 支撑排架计算书

⑥ 外脚手架/安全防护架计算书

（16）附图表（仅列表图名）

表1：施工进度计划表

表2：标准层安装计划表

表3：预制构件进场计划表

表4：劳动力计划表

图1：施工总平面布置图

图2：现场临水临电平面布置图

图3：预制构件平面布置及吊装流程图

图4：预制构件安装示意图

图5：外脚手架/安全防护架图

图6：水平构件支撑排架图

图7：竖向构件支撑图

图8：构件堆放图

2. 预制构件安装专项方案编制要点及参考示例

（1）工程概况

除描述各参建单位名称、建筑概况和结构概况外，还应重点阐述与预制构件安装相关的概况，做到描述清晰而全面。示范见表5-7～表5-9。

工程简介　　　　　　　　　　　　　　　　　　　　　表5-7

序号	项　目	内　容
1	工程名称	××
2	工程地址	××
3	业主单位	××
4	PC设计单位	××
5	监理单位	××
6	总承包单位	××
7	施工范围	××
8	结构形式	××
9	建筑层数	××

建筑设计概况 表 5-8

总建筑面积		××m²	用地面积	××m²
建筑面积		地上××m²,地下××m²		
结构设计耐久年限		50 年	耐火等级	地上一级,地下一级
高度		A楼××m,B楼××m,C楼××m		
墙体	外墙	××		
	内隔墙	××		
防水	屋面	防水等级:一级		防水层:自粘防水卷材
	有水房间	JS聚合物水泥防水涂料		
屋面		细石混凝土屋面、水泥砂浆屋面		
装饰装修	楼地面	××		
	内墙面	××		
	顶棚	××		
外墙饰面	保温层	××		
	饰面	××		

结构设计概况 表 5-9

抗震设防烈度		7 度	建筑抗震设防类别	标准设防
建筑结构安全等级		二级	地基基础设计等级	甲级
基础	基础形式	桩基承台底板;		
	底板厚度	××m		
主体	结构形式	装配整体式剪力墙结构		
	层数	A楼地下××层、地上××层; B楼地下××层、地上××层; C楼地下××层、地上××层		
混凝土强度	基础垫层	C15		
	地下室底板及承台、墙柱、梁板	C35		
	圈梁构造柱	C25		
	地上结构墙、柱	C30、C35、C40		
	地上结构梁、板	C30、C35		
混凝土抗渗	地下室基础、底板	P8		
	地下室外墙、顶板、水池	P6		
钢筋类别		HPB300、HRB400		

PC 结构概况，见表 5-10。

各单体基本概况 表 5-10

楼号	预制装配范围	单体预制率
A楼	××层~××层	40.6%
B楼	××层~××层	40.7%
C楼	××层~××层	40.8%

本工程包含的预制构件：预制外墙板、预制阳台板、预制楼梯、预制叠合板、预制装饰立板、预制内墙板（表5-11）。

构件名称	A 号楼	B 号楼	C 号楼
预制剪力墙	1.64～5.51	1.64～5.51	1.34～5.51
预制填充墙	1.18～2.57	1.4～2.31	1.04～4.32
预制凸窗	3.16～4.87	3.45～4.87	3.45、3.7
预制阳台板	2.46～4.13	2.46～4.13	1.38～2.92
预制楼梯	5.16、5.61	5.16、5.61	5.16、5.61
预制叠合板	0.38～1.89	0.38～1.8	0.28～1.83
预制装饰立板	2.46	2.46	1.96
预制内墙板	1.94～4.02	1.34～4.02	1.34～5.36

PC 构件重量（t）　　　　　　　　　　　　　　表 5-11

（2）编制依据和说明

编制依据应重点引用现行与预制构件安装相关的国家、行业、地方标准、规范和图集，以及主管部门的相关文件、规定。编制说明则阐述本专项方案编制过程中需要特别说明的情况。（示范略）

（3）工程重特点、难点分析及对策

根据工程实际情况，对工程施工进行重点、难点分析，分析应客观合理，有针对性，并有相应的应对对策。示范如下：

3.1　预制柱转接层预留钢筋及浇筑时钢筋保护精度要求高

在转接层楼面浇筑混凝土前，需要预先埋设预制柱底部连接用预留钢筋，对于其高度、平面位置、相对位置均有较高的精度要求，同时在浇筑混凝土的过程中还需保证不移位和钢筋的外表面清洁，避免影响预留钢筋与灌浆料之间的握裹力；其余楼层预制柱套筒连接筋在浇筑混凝土时也需要同样的要求。

针对上述施工管理重点，确定以下对策：

1）楼层平台模板架设完成后开始测设放样，确定预留钢筋控制样线。

2）制作预留钢筋定位模板固定钢筋位置，避免浇筑混凝土时预留钢筋移位。

3）对伸出现浇混凝土楼面的柱筋，用尺寸合适的 PVC 套管保护，避免浇筑混凝土时对钢筋表面的污染。

4）定位钢筋固定，定位模板安放后安排专人检查，浇筑混凝土过程中安排专人看护，出现问题及时处理。

3.2　构件吊装风险较大

由于本工程构件均采用预制构件现场装配，不可避免地要采用大量起重机械。由于构件的吊装高度高、构件自重大，且预制梁长度较长，对吊装施工提出了非常高的要求。

为了保证吊装工作顺利进行，需根据塔式起重机（汽车式起重机）的性能参数、塔式起重机（汽车式起重机）的位置、堆场的位置、各预制构件的重量进行综合分析，确保吊装时各机械都在合理的工作能力范围以内。

（4）施工组织架构及管理体系

阐述工程施工质量、安全、文明施工、环境等目标；

根据工程规模、特点及主管部门管理人员配置要求，建立项目管理组织构架，明确各岗位人员职责。示范如下：

质量目标：保证一次合格率100％，并达到工程创优要求；

安全文明施工目标：确保无重大伤亡安全事故；保证施工现场整洁，达到文明标化、绿色施工标准。施工过程中减少噪声及环境污染。

进度目标：在确保施工质量的前提下，确保工期满足总工期要求。本专项施工计划工期为××天。

本工程总工期395个日历天完成全部施工任务，符合招标文件要求。

项目组织构架图（略）。

主要管理岗位职责见表5-12。

主要管理岗位职责　　　　　　　　　　　　　　表5-12

序号	职位	职　责
1	项目经理	(1)对项目负有终身质量责任,如因失职、渎职造成重大质量事故和安全隐患的,承担相应行政及法律责任; (2)策划项目总承包管理组织机构的构成并配备人员,制定规章制度,明确总承包有关人员和各分包的职责,领导总承包项目部开展工作; (3)主持编制项目总承包管理方案,组织实施项目管理的目标与方针。批准各分包商的重大施工方案与管理方案,并监督协调其实施行为; (4)及时协调总包与分包之间的关系,组织召开总包与分包的各类协调会议,参加由业主组织召开的协调会议; (5)领导控制施工阶段工程造价和工程进度款的支付情况,确保工程投资控制目标的实现; (6)与业主、监理保持经常接触,解决随时出现的各种问题,替业主、监理排忧解难; (7)监督各分包商的履约情况,根据工程造价的控制目标,审核分包工程进度付款书; (8)及时、适当地作出项目总承包管理决策,其主要内容包括人事任免决策、重大技术方案决策、财务工作决策、资源调配决策、工期进度决策及变更决策等; (9)积极处理好与项目所在地政府部门及周边关系; (10)全面负责整个工程总承包的日常事务
2	生产经理	(1)在项目经理领导下,负责项目现场所有施工组织与协调工作; (2)主体结构施工阶段,负责协调各分包及作业队伍之间的进度矛盾及现场作业面冲突,使各分包之间的现场施工合理有序地进行;装修、机电施工阶段协调装修、机电各分包及作业队伍的进度矛盾及现场作业矛盾,使各分包之间的现场施工合理有序地进行; (3)组织召开总包与各分包间的协调会议,参加由业主组织召开的协调会议;直接领导总承包范围内的混凝土结构及粗装修施工; (4)确保实现工程按合同工期要求顺利完工的进度目标; (5)审核各分包制定的施工进度计划,保证各分项工程施工进度计划能满足总体施工进度计划要求,并与其他单位工程和分项工程的施工进度计划相协调; (6)经项目经理授权,负责项目部的其他工作
3	总工程师	(1)直接领导技术部,负责总承包项目部的技术工作; (2)审核各分包的施工组织设计与施工方案,并协调各分包之间的技术问题; (3)督促各分包严格执行各项已经过项目经理批准的各项质量计划和单项施工方案; (4)与设计、监理保持经常沟通,保证设计、监理的要求与指令在各分包中贯彻实施; (5)组织技术骨干力量对本项目的关键技术难题进行科技攻关,进行新工艺、新技术的研究,确保本项目顺利进行; (6)组织有关人员对材料、设备的供货质量进行监督、验收; (7)及时组织技术人员解决工程施工中出现的技术问题

序号	职位	职责
4	合约商务经理	(1)直接领导合约、物资部等各项工作; (2)监督各分包商的履约情况,控制工程造价和工程进度款的支付情况,确保投资控制目标的实现; (3)根据合同要求和工程需用计划制订采购计划,保证工程设备、材料的及时供应; (4)领导采购及进场设备、材料的报审工作; (5)审核各分包商制定的物资计划和设备计划,保证能满足总体物资计划和设备计划; (6)领导总承包服务工作,履行总承包服务承诺,按合同要求为各施工单位提供全面、细致、周到的总承包服务; (7)经项目经理授权,负责项目部的其他工作
5	质量总监	(1)对本工程施工质量具有一票否决权; (2)贯彻国家及地方的有关工程施工规范、工艺规程、质量标准,严格执行国家施工质量验收统一标准,确保项目总体质量目标和阶段质量目标的实现
6	安全总监	(1)对本工程施工安全具有一票否决权; (2)贯彻国家及地方的有关工程安全与文明施工规范,确保本工程总体安全与文明施工目标和阶段安全与文明施工目标的顺利实现

（5）施工总体部署

重点阐述本专项施工总体策划和组织，包括总体施工流程、标准层施工流程等内容（图5-36、图5-37）。示范如下：

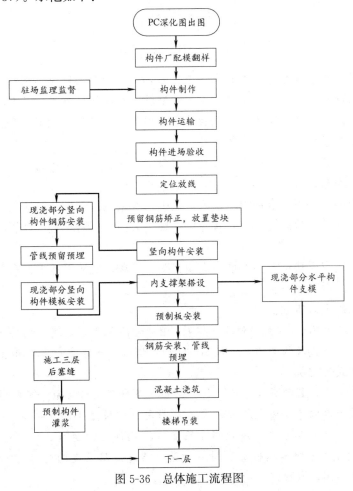

图5-36　总体施工流程图

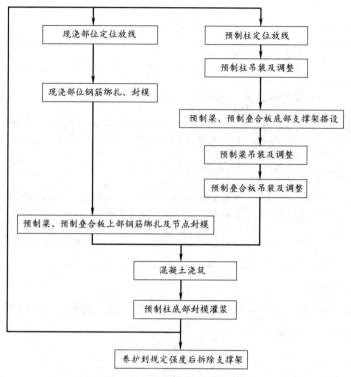

图 5-37　标准层施工流程图

本次施工结构为装配整体式混凝土框架体系，主要预制构件为预制柱、预制梁、预制叠合楼板等。装配整体式混凝土框架体系中预制柱间纵向钢筋采用的是套筒灌浆连接，预制梁安装完毕后通过现浇混凝土浇筑梁柱节点与整体结构连接，预制叠合楼板主要通过叠合区域的混凝土将预制板与整体结构连接。

预制构件灌浆工作为逐层进行，在结构混凝土浇筑完成后尽早进行灌浆。

（6）施工平面布置

平面布置应科学合理，合理组织运输，减少二次搬运。复核施工流程要求，减少相互干扰。兼顾总体施工和阶段性施工布置原则。现场大门与道路布置；现场临时水电、消防布置；

总平面图中还应反映预制构件场内运输道路、堆场，机械设备平面布置、周边道路交通、周边环境等。示范如下：

场内交通组织平面布置：

现场设置 2 个大门，1♯大门位于××路，2♯大门位于××路，均为 8m 宽。××台塔式起重机覆盖 3 栋楼及周边堆场，所有 PC 构件均未超出塔式起重机吊重，预制构件进场卸货使用汽车式起重机。

在主体施工阶段，装配式 PC 构件材料需在地下车库顶板上做一条临时道路运进，在临时道路两侧每个单体号房塔式起重机覆盖范围内至少设置 1 块 PC 构件临时堆放场地，为满足施工需要。计划在地下车库顶板上设置 PC 构件运输通道。施工通道宽度为 6m，转弯处加宽至 12m，方便车辆转弯和材料卸放，临时道路长度约为 260m。PC 构件临时堆放场地在通道两侧，每块尺寸约为 10m×20m。

堆场进行分块管理，PC 构件均堆置在本栋楼旁边的堆场，便于吊装，同时做好构件堆放顺序的管理，现场堆置顺序应与施工吊装顺序相符，构件堆放时还需要保证处于对应的塔式起重机（汽车式起重机）的工作范围内。

现场构件堆放若需专用支架，需做好专用支架的摆放工作，做到整洁有序，同时不影响吊装作业，还应符合相关安全要求。

现场构件堆放，预制叠合板叠放层数不宜大于 6 层，预制柱、预制梁叠放层数不宜大于 2 层，预制楼梯叠放层数为 4 层，底部及相邻层用木方垫衬。带下挂板的预制梁不得叠放，需要用支架立式摆放以便于起吊。

详见施工平面布置图、临水临电平面布置图。

（7）机械设备选择及布置

预制构件安装优先考虑塔式起重机，塔式起重机平面布置和型号选择时，应综合整个项目的需求确定。塔式起重机布置原则：塔式起重机平面布置应覆盖所有吊装作业面，塔式起重机幅度范围内所有预制构件的重量应在起重机起重量范围之内；涉及裙房预制构件吊装时，增加大型塔式起重机不经济时，可考虑履带吊或汽车式起重机辅助吊装；预制构件堆放场地与塔式起重机覆盖范围尽量协调统一；塔式起重机布置时可以单栋单吊、也可以多栋单吊或单栋多吊，但应避免塔式起重机交叉作业，通过塔式起重机安装高度错开作业，严禁塔臂碰相邻塔式起重机塔身。塔式起重机型号的选用应综合考虑安全、高效、安拆便利、施工适用等因素，满足包括预制构件的起重量要求、起吊幅度、起升高度等。示范如下：

本项目采用××台××塔式起重机和××台××汽车式起重机进行吊装，塔式起重机选型见表 5-13。

塔式起重机选型及参数　　　　　　　　　　　　　　表 5-13

编号	塔机型号	基础形式	臂长(m)	塔式起重机高度(m)	备注
1#	H7020-12	四桩承台基础	35	××	
2#	21CJ125	四桩承台基础	35	××	
3#	STC7020P	四桩承台基础	40	××	
4#	TC7013-10	四桩承台基础	35	××	
5#	TC7013-10	四桩承台基础	40	××	
6#	ZTT7020-10	四桩承台基础	40	××	
……					

A 号房吊装构件分别为预制梁、板及柱。构件中重量最大的约为 3t。1# 塔式起重机臂端最大起重量为 8t，都能满足 PC 构件吊装。

B 号房楼吊装构件分别为预制梁、板、柱及楼梯，构件中预制梁最大重量的为 7.92t，该构件梁与塔式起重机距离约 25m，在塔式起重机 40m 臂长范围以内，2# 塔式起重机臂长为 40m 时的起重量 9t，即塔式起重机能满足在此范围内的最大构件的吊装施工。

C 号房楼吊装构件分别为预制梁、板、柱及楼梯，构件吊装以 50~100t 汽车式起重机为主。汽车式起重机通过两次站位，作业半径叠合覆盖该楼栋 PC 结构安装作业面。

钢丝绳选择，采用安全系数法按钢丝绳最大工作静拉力及钢丝绳所属机构工作级别有关的安全系数选择钢丝绳直径（表5-14）。

钢丝绳最小安全系数　　　　　　　　　　　表 5-14

机构工作级别	M1	M2	M3	M4	M5	M6
安全系数 Kn_r	3.5	4	4.5	5	5.5	6

预制叠合楼板采用 4 点吊；预制剪力墙、预制女儿墙采用两点吊；预制楼梯采用 4 点。该吊法配合吊索具具有通用性强、安全可靠、吊装速率快、适合装配式构件吊装使用的优势，使用时根据被吊构件的尺寸、重量以及构件上的预留吊环位置，利用卸扣将钢丝绳和构件上的预留吊环连接。

详见塔式起重机平面布置图（略）。

（8）施工进度计划及保证措施

除编制本专项施工涉及的预制构件安装总体计划外，还应编制预制构件进场计划、劳动力计划和标准层施工进度计划等。

保证进度计划措施应包括组织、技术、材料、劳动力、机械设备等多方面。示范如下：

工期目标：

根据本项目的节点要求，对本工程整体进度进行筹划，确定关键节点。

加强现场技术和管理学习力度，合理地配置劳动力需用计划，以保证各施工节点进度，同时积极做好施工配合协调工作。

确保进度计划实施的保证措施：

1）落实组织管理机构

组织机构是项目成功实施的关键，其落实的速度也是进度保障的关键。由经验丰富的施工管理人员组成的项目经理部，可保障前期各项工作顺利开展。

2）认真做好施工前准备

施工前，项目部将尽早对深化图纸进行认真分析，根据图纸选择合适的塔式起重机等大型机械设备，并根据施工进度要求及图纸的具体指标，编制详细的预制构件需求计划，报预制构件生产单位实施。

3）采用科学合理的计划管理

在充分吸收以往参建类似工程施工经验基础上，充分考虑本工程的特殊情况及内外部条件，科学合理地编制总计划及专业工序分计划，并逐条落实。在总体上确保控制性关键节点，充分考虑各项作业的穿插与平行交错，以加快施工进度，确保施工进度节点目标的准时完成（表5-15）。

施工进度安排　　　　　　　　　　　表 5-15

楼栋	开始时间	结束时间
A楼	××年××月××日	××年××月××日
B楼	××年××月××日	××年××月××日
C楼	××年××月××日	××年××月××日

4）管理上抓落实

书面明确所有施工管理人员、专业施工队的进度责任，经常和定期地检查实施情况，包括工程形象进度、资源供应及管理工作进展，在实施中，如偏离计划，应分析原因，对不能胜任的责任人果断地进行调整，确保关键工序按计划执行。

① 劳动力组织

根据方案实施要求及施工进度和劳动力需求计划，集结施工队伍，组织劳动力进场，并建立相应的领导体系和管理制度。

项目部根据施工任务检查监督施工作业队的操作质量、安全生产等方面情况，并对现场施工队伍的施工能力进行评定，对不满足现场施工能力的作业人员清退，同时进行劳动力补充。

对现场的施工队伍进行严格的资格审查，施工班组配备质量员。对已进场的队伍实施动态管理，不允许擅自扩充和随意抽调，以确保施工队伍的素质和人员相对稳定。

未经项目部有关质量、安全方面培训的操作工人不许上岗，定期组织劳务班组培训活动。凡进场的劳务单位必须配备一定数量的专职协调质量、安全的管理人员。

加强对劳务单位的管理，各施工单位均有专人负责对劳务工进行法制、规章制度、消防知识教育，对劳务人员进行审查，登记造册。

② 构件安装队伍的选择与管理

A. 工作面配置一个吊装作业队伍，配置6人专门吊装，并附加3个专职灌浆工。

B. 预制构件吊装班组与钢筋绑扎班组等做好协调工作，互不影响。

③ 材料采购与进场管理

材料设备的采购、进货检验和试验以及储存、搬运等主要环节，进行如下控制：

A. 采购控制：

采购的材料必须符合设计、技术要求，符合国家标准、规范，选择和评定合格的分供方。

对分供方的质量能力评价。评价内容为分供方的资质、信誉、装备能力、检验、化验能力、样品评价、对比类似产品的历史情况，对比类似产品的试验结果，对比其他用户的使用情况等。

由项目经理、项目工程师会同物资部、技术部、质量部，并由业主派员参与，特别是对品牌的选择，应尊重业主需求，最后共同确定合格的分供方。

编制采购计划。采购计划注明品名、规格、型号、材质、技术要求、数量、制造厂等。

B. 搬运和储存控制：

对物、料分类堆放、标识，根据物料不同的特性和存放要求，采用室内或室外存放，并采用相应的防雨、防潮措施，对电子产品还要有空调设施，对设备要注意支点和吊点位置能否叠装等。

本工程PC部分使用的原材料、成品、半成品如下：

混凝土预制构件、钢筋、无收缩砂浆等，所有材料进场后必须严格按照设计及相关规范要求对质量保证材料进行核验，同时需按照规范要求进行见证取样送检复试，合格后才能使用，严禁使用不合格材料。

（9）预制构件安装施工方案

本章节是专项方案的核心内容，是指导施工的重要篇章，应认真编写。重点阐述预制构件安装涉及的主要工序，包括施工准备、现场测量定位、转接层预留钢筋定位施工、预制构件进场组织及堆放、竖向构件临时支撑、水平构件支撑排架、外脚手架/安全防护架方案、预制墙板/柱安装及调整、叠合梁板安装、预制楼梯安装、预制阳台安装、灌浆作业要求、连接部位施工、打胶施工配合，以及安装质量验收方法及标准等。

在阐述施工流程、施工步骤时，宜结合图片进行表述。

受篇幅限制，本章节仅作部分示范，实际编制时，应全面阐述，确保方案的完整性。部分示范如下：

转接层预留钢筋定位施工：

（1）测量放样：平台模板安装完成后楼面钢筋绑扎前，在木板上根据上一层楼面的留设控制点测设预留钢筋定位控制线。

（2）预先按照设计图纸中预制柱钢筋定位要求，按照设计的距离，准备好提前加工完成转接层的预制柱定位工具。

（3）根据设计套筒的长度、钢筋直径和钢筋伸入套筒的长度截取钢筋并放置预留钢筋到定位模具，焊接定位。

（4）转换层现浇柱竖向钢筋端头锚固采用钢筋锚固板，锚固板为螺纹连接锚固板，钢筋端部加工螺纹区段，锚固板与钢筋端部安装并拧紧。屋面层柱顶竖向钢筋锚固板由预制构件生产厂家根据设计要求加工完成。预制梁与现浇柱节点的柱箍筋采用开口箍形式进行施工；预制柱与预制梁节点部位的柱箍筋由钢筋工人确定好高度范围的箍筋数量，结合预制梁吊装过程，进行箍筋安装。

预制柱安装施工：

（1）吊装施工流程

预制柱吊装施工流程如图 5-38 所示。

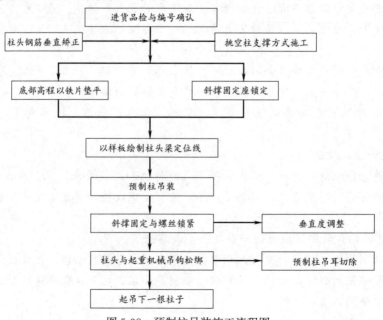

图 5-38　预制柱吊装施工流程图

（2）准备工作

1）柱续接下层钢筋位置、高程复核，底部混凝土面确保清理干净，柱位置弹线。

2）吊装前预制柱进行质量检查，要求出厂前应注意主筋续接套筒质量检查及内部清理工作，保证出厂前预制柱的套筒、预埋件等孔洞内清洁无垃圾影响后期施工。

3）吊装前应备妥安装所需的设备如斜支撑、斜支撑固定铁件、螺栓、柱底高程调整铁片（10mm、5mm、3mm、2mm四种基本规格进行组合）、起吊工具、垂直度测定杆、铝梯或木梯等。

4）确认柱头架梁位置是否已经进行标识。

5）安装方向、构件编号、水电预埋管、吊点与构件重量确认。

（3）预制柱安装及调整

柱吊装到位后及时将斜支撑固定在柱及楼板预埋件上，最少需要在柱子的两面设置斜支撑，然后对柱子的垂直度进行复核，同时通过可调节长度的斜支撑进行垂直度调整，直至垂直度满足要求。

（4）预制柱底部套筒灌浆施工

本工程预制柱通过套筒灌浆与下部结构主筋连接，待所有预制柱安装调整完毕后，在预制柱底部封堵，套筒注浆孔内注入高强无收缩灌浆料进行结构连接（图5-39）。施工工艺详见PC构件灌浆施工专项方案。

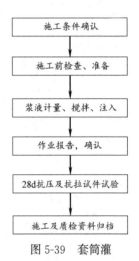

图5-39 套筒灌浆施工步骤

（5）预制梁施工

1）预制梁安装施工（图5-40）。

图5-40 预制梁安装流程图

2）准备工作：

① 支撑架是否备妥，顶部高程是否正确。

② 大梁钢筋、小梁接合键槽位置、方向、编号检查。

③ 若已知柱头高程误差超过容许值，安装前应于柱头粘贴软性垫片调整高差。

④ 若原设计四点起吊，应依设计起吊且须备妥工具。

⑤ 上层主筋若已知穿越错误，应于吊装前将钢筋更正。

预制梁安放时按照吊装顺序调整，吊装施工时候严格按照顺序要求吊装。

3）预制梁安装及调整见表5-16。

预制梁安装作业说明表　　　　　　　　　　　　　　　　　　　表 5-16

作业项目	作业内容说明
主梁支撑架设	预制梁吊装前,在主次梁位置下方需先架设好满堂支撑架,支撑架采用承插式脚手架材料搭设
主次梁方向、编号、上层主筋确认	梁进货检测项目:进货时严重缺损或缺角、箍筋外保护层与梁箍直线度确认、穿梁开孔确认 吊装前需作主梁钢筋、方向、编号检测
主次梁上测设次梁位置样板线绘制	主梁吊装前,需表示出次梁安装基准线,作为次梁吊装定位的依据
主梁起吊安装	起吊前主梁钢筋、方向、编号检测。 柱头高程误差超过容许值,若柱头高程太低则于吊装主梁前应于柱头置放铁片调整高差。若柱头高程太高则于吊装主梁前须先将柱头凿除修正至设计高程
柱头位置、梁中央部高程调整	吊装后需派一组人调整支撑架架顶高程,使柱头位置、梁中央部高程一致及水平,确保灌浆后主次梁不致下垂
两向主梁安装后吊装次梁	次梁吊装须待两向主梁吊装完成后才能吊装,因此于吊装前须检查好主梁吊装顺序,确保主梁上下部钢筋位置可以交错而不会吊错重吊,然后才安装次梁
主梁与次梁接头施工	主次梁吊装完成后,在接头接点处封模,最后浇筑现浇混凝土

（6）预制叠合楼板安装施工

1）预制叠合楼板安装要求：

① 预制叠合楼板安装时，应按设计图纸要求根据水电预埋管位置进行安装。

② 预制叠合楼板起吊时，吊点不应少于4点。

2）预制叠合楼板安装应符合下列规定：

① 预制叠合楼板安装应按设计要求设置临时支撑，并应控制相邻板缝的平整度。

② 施工集中荷载或受力较大部位应避开拼接位置。

③ 外伸预留钢筋伸入支座时，预留筋不得弯折。

④ 应在后浇混凝土强度达到规范要求强度后，方可拆除支撑。

3）预制构件堆放、运输道路加固方案。

根据施工总平面图中场内运输道路、构件堆场区域，对照项目地下室结构范围，对运输道路、构件堆场区域荷载进行地耐力、结构楼板验算。结构楼板需要满足强度和变形要求，防止结构产生裂缝导致渗漏。原则上要求结构楼板受力验算应经结构设计师确认。

4）堆场及重车道区域地下室顶板荷载复核及加固措施。

堆场及重车道设置于地下室顶板，位置详见施工总平面图（略）。

塔式起重机覆盖区域靠近主楼区域设置PC构件堆场，设置于地下室顶板上，位置详见总平面图（略）。地下室顶板需验算承载力。

PC构件临建堆放场地经计算满足荷载要求，可不额外增设加固措施。地下室顶板施工荷载或堆载过大时，易造成挠曲变形甚至裂缝。为了防止在地下室顶板上过早或过多地堆放建筑材料，甚至行驶重型机械设备（如混凝土搅拌车等），施工荷载远远大于顶板设计荷载，造成顶板挠曲变形甚至裂缝。故本工程采用扣件钢管架支撑的方案对地下室顶板的施工荷载进行补强。

本工程地下室为满铺地下室，在地下室PC构件堆放区域，以及施工临时道路布置区域采取补强加固措施。支承体系均采用φ48满堂钢管脚手架支撑体系。支撑系统采用扣件式及U形托结合支撑系统，50mm×100mm木方作次肋，钢管作主肋，立杆下方铺垫槽钢或方木。

（10）预制构件堆放架设计及计算

预制构件堆放架包括预制墙板堆放架和特殊加工的其他构件堆放架。由于涉及架体整体稳定性，尤其是预制构件堆放管理不善时，极易产生失稳，引发安全事故。

堆放架应进行专门设计，并由加工厂加工制作。现场堆放架基础、堆放架放置以及预制构件堆放均应严格按设计要求进行合理布置，确保堆放架始终处于稳定状态，并加强使用过程中的安全监管（图5-41）。方案中应有堆放架设计、加工制作要求和相应的附图、计算书等，对现场基础、布置应明确要求，并制定堆放架使用和管理办法。

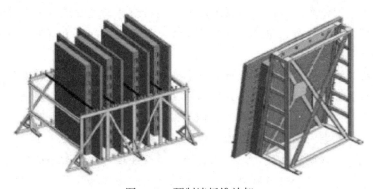

图5-41　预制墙板堆放架

（11）工程质量保证措施

建立健全工程质量保证体系和管理制度。

制定各施工工序质量保证措施，包括预制构件加工制作质量保证措施、墙板、柱、梁、楼板、阳台等预制构件安装质量保证措施、转换层钢筋预留质量保证措施、临时支撑施工质量保证措施、连接部位施工质量保证措施等，并制定施工过程产品保护措施。

受篇幅限制，本章节仅作部分示范，实际编制时，应全面阐述，确保方案的完整性。示范如下：

主要质量保证管理要求如下：

确保工程质量符合设计要求，质量一次验收合格率100%。

总承包单位项目部进场后，及时对设计文件、与本工程有关的国家、地方、企业法律法规及施工规范等进行分析研究，并结合现场实际情况，编制工程总体质量计划，质量计划应包括从分项工程到单位工程直至整个项目、从原材料构配件采购验收到成品保护等施工的各个环节的质量控制目标和措施。

项目经理为本项目质量管理第一责任人，落实质量责任终身制要求和规范操作，实施质量计划。项目部应建立质量保证体系，包括组织保证、制度保证和施工保证。牢固树立"质量就是公司的生命"的观念，认真遵守操作规程，认真贯彻执行质量责任制，坚持质量标准，完善各工序的质量检查验收制度。

在施工过程中必须由专门人员对各种原材料、半产品和成品进行验收。本工程主要施工工艺为预制构件装配技术，对预制构件的装配精度要求较高，在原有技术的基础上，加上对施工人员的培训力度，同时安排由专业测量工程师带队的测量队伍对安装精度进行动态检测，及时调整，防止由于楼层累积误差导致后续施工期间误差难以调整。

施工检验要点以质量管理标准所列检查要点及检查标准进行施工质量的管制，并且于施工时或施工完成后以自主检查表进行检查，如遇有不合格项目者随即进行修改，如无法当场进行修改者，事后及时进行补救。施工前、后的检核将依各工项的施工规范所制成的施工检验表格进行，并依实际需要作成记录。

质量计划编制必须具备实际操作性，各种目标及措施均需满足业主的要求及现场实际情况，质量计划实施期间由项目工程师定期及不定期地组织相关质量主管人员对执行情况进行检查，发现问题或隐患及时处理，屡教不改的坚决追究相关人员责任，直至清退出场。

质量控制措施按横向到边、纵向到底的顺序实行对施工过程进行全面质量管理，明确责任，保证工程按计划优质、快速、顺利地完工，根据国家和上海市有关规定，针对本工程特点制定本质量措施。

（1）加强施工技术管理，严格执行的技术责任制度，使施工管理标准化、规范化、程序化。认真熟悉施工图纸，深入领会设计意图，严格按照设计文件和图纸施工，吃透设计文件和施工规范，施工人员严格掌握施工标准、质量检查及验收标准和工艺要求并及时进行技术交底，在施工期间技术人员要跟班作业，发现问题及时解决。

（2）严格执行工程监理制度，施工队自检、项目经理部复检、合格后及时通知监理工程师检查签认，隐蔽工程必须经监理工程师签认后方能隐蔽。

（3）项目经理部设专职质检员，保证施工作业始终在质检人员的严格监督下进行。发现违背施工程序、不按设计图、规则、规范及技术交底施工，使用材料半成品及设备不符合质量要求者，有权制止，必要时下停工令，限期整改并有权进行处罚，杜绝不合格成品。

（4）制定施工计划的同时，编制详细的质量保证措施，没有质保措施不许开工。质量保证体系和措施不完善或没有落实的应停工整顿，达到要求后再继续施工。

（5）严格施工纪律，把好工序质量关，上道工序不合格不能进行下道工序的施工，否则质量问题由下道工序的班组负责。对工艺流程的每一步工作内容要认真进行检查，使施工规范化。

（6）坚持测量"放线-复核-复核"制。各测量桩点要认真保护，施工中可能损毁的重要桩点要设好护桩，施工测量放线要反复校核。认真进行交接班，确保中线、水平及结构物尺寸位置正确。

（7）施工所用的各种计量仪器设备定期进行检查和标定，确保计量检测仪器设备的精

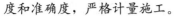

度和准确度，严格计量施工。

（8）所有工程材料及构件应事先进行检查，严格把好原材料及预制构件进场关，不合格材料不准验收，保证使用的材料全部符合质量的要求。每项材料及构件到工地应有出厂检验单，同时在现场进行抽查，来历不明的材料不用，过期变质的材料不用，消除外来因素对工程质量的影响。

（9）做好质量记录。质量记录与质量活动同步进行，内容要客观、具体、完整、真实、有效，字迹清晰，具有可追溯性，各方签字齐全。由施工技术、质检、测试人员或施工负责人按时收集记录并保存，确保本工程全过程记录齐全。

（12）产品保护措施

PC 构件为使用成品，在现场做好各施工阶段的产品保护，是工程通过施工验收的基础。

构件饰面砖可采用表面贴膜或用专业材料保护，一般应选用不褪色、无污染的材料，以防揭纸（膜）后，饰面砖表面被污染。

PC 楼梯安装后，为避免楼层内后续施工时碰磕，踏步口要有牢固可行的保护措施，宜用铺设木条或覆盖形式保护。

堆放场地需平整、结实，搁置点采用柔性材料，堆放好后采取固定措施。

预制柱、叠合梁运输宜采用低跑平板车，车辆启动应缓慢，车速均匀，转弯变道时要减速，以防止墙板倾覆。

叠合板保护措施：叠合板应采用平放运输，每块叠合板用四块木块作为搁置点，木块尺寸要统一，长度超过 4m 的叠合板应设置六块木块作为搁支点（板中应比一般板块多设置两个支点，防止预制叠合板中间部位产生较大的挠度），叠合板的叠放应尽量保持水平，叠放数量不应多于 6 块，并且用保险带扣牢。运输时车速不应过快，转弯或变道时需减速。

预制楼梯保护措施：楼梯应采用平放运输，用槽钢作搁置点并用保险带扣牢。楼梯必须单块运输，不得叠放。

预制墙板保护措施：楼梯应采用专用货架运输，墙与墙之间有一定安全距离，避免碰撞。构件与货架连接处及货架底部需有木方作为缓冲保护。

（13）安全生产、文明、绿色施工保证措施

建立健全工程安全保证体系和管理制度。

制定各施工工序施工安全保证措施：包括预制构件吊运安全保证措施、墙板、柱、梁、楼板、阳台等预制构件安装施工安全保证措施、临时支撑施工安全保证措施、连接部位施工安全保证措施、施工用电保证措施、机械设备安全操作保证措施、文明施工保证措施、绿色施工保证措施。

受篇幅限制，本章节仅作部分示范，实际编制时，应全面阐述，确保方案的完整性。部分示范如下：

预制装配式结构施工安全基本要点：

1. 装配整体式混凝土结构施工过程中应按照现行行业标准《建筑施工安全检查标准》（JGJ 59）、《建设工程施工现场环境与卫生标准》（JGJ 146）和上海市地方标准《现场施工安全生产管理规范》（DGJ 08-903）等安全、职业健康和环境保护的有关规定执行。

2. 施工现场临时用电的安全应符合现行行业标准《施工现场临时用电安全技术规范》（JGJ 46）和用电专项方案的规定。

3. 施工现场消防安全应符合现行国家标准《建设工程施工现场消防安全技术规范》（GB 50720）的有关规定。

4. 装配整体式混凝土结构施工，外侧预制柱构件安装围护选用落地脚手架作为安全防护操作架，脚手架搭设应符合国家现行有关标准的规定。

5. 装配整体式混凝土结构施工在绑扎柱、墙钢筋，应采用专用登高设施，当高于围挡时必须佩戴穿芯自锁保险带。

6. 安全防护采用围挡式安全隔离时，楼层围挡高度应不低于1.50m，阳台围挡不应低于1.10m，楼梯临边应加设高度不小于0.9m的临时栏杆。

7. 外侧围挡脚手架应与结构层有可靠连接，满足安全防护需要。

PC构件吊装安全管理措施：

（1）起重人员应明确构件重量后方可起吊。

（2）柱子完成安装调整后，应于柱子四角加塞垫片增加稳定性与安全性。

（3）安装作业区5～10m范围外应设安全警戒线，工地派专人把守，非有关人员不得进入警戒线，专职安全员应随时检查各岗人员的安全情况，夜间作业，应有良好的照明。

（4）起吊时：起吊离地时须稍作停顿，确定吊举物平衡及无误后，方得向上吊升。

（5）作业半径：吊车作业须采取吊举物不可通过人员上方，吊车作业半径内防止人员进入措施。

（6）梁构件必须加挂牵引绳，以利作业人员拉引。

（7）预制叠合板一般以预埋钢筋作为吊点。

（8）起吊应依设计起吊点数施工，且须备妥适合吊具。

PC吊装安全专项注意点：

1）吊运PC构件时，下方禁止站人，必须待吊物降落离地1m以内，方准靠近，就位固定后，方可摘钩。

2）PC构件、操作架、围挡在吊升阶段，在吊装区域下方用红白三角旗设置安全区域，配置相应警示标志，安排专人监护，该区域不得随意进入。

3）高空作业吊装时，严禁攀爬柱、墙钢筋等，也不得在构件墙顶上面行走。PC外墙板吊装就位后，脱钩人员应使用专用梯子，在楼内操作。

4）PC外墙板吊装时，操作人员应站在楼层内，佩戴穿芯自锁保险带并与楼面内预埋件（点）扣牢。当构件吊至操作层时，操作人员应在楼内用专用钩子将构件上系扣的缆风绳勾至楼层内，然后将外墙板拉到就位位置。

5）PC构件吊装应单件（块）逐块安装，起吊钢丝绳长短一致，两端严禁一高一低。

6）遇到雨、雪、雾天气，或者风力大于6级时，不得吊装PC构件。

7）PC结构吊装、施工过程中，项目部相关人员应加强动态的过程安全管理，及时发现和纠正安全违章和安全隐患。督促、检查PC结构施工现场安全生产，保证安全生产投入的有效实施及时消除生产安全事故隐患。

8）用于PC结构的吊装设备，机具及配件，必须具有生产（制造）许可证，产品合格证。并在现场使用前，进行查验和检测，合格后方可投入使用，必须由专人管理，定期进行检查、维修和保养，建立相应的资料档案。

9）吊装及装配现场设置专职安全监控员，专职安全监控员应经专项培训，熟悉 PC 施工（装配）工况。起重工除持起重证外，还应经专业培训，熟悉工况，考试合格后上岗。

群塔作业措施：

（1）明确规定塔式起重机在施工中的运行原则：

低塔让高塔；后塔让先塔；动塔让静塔；轻车让重车。

（2）塔式起重机长时间暂停工作时，吊钩应起到最高处，小车拉到最近点，大臂按顺风向停置。为了确保工程进度与塔式起重机安全，各塔式起重机须确保驾驶室内 24 小时有塔式起重机司机值班。交班、替班人员未当面交接，不得离开驾驶室，交接班时，要认真做好交接班记录。

（3）各作业人员必须严格执行"十不吊"的规定。

（4）塔式起重机与信号指挥人员必须配备对讲机；对讲机经统一确定频率，使用人员无权调改频率；专机专用，不得转借。

（5）指挥过程中，严格执行信号指挥人员与塔式起重机司机的应答制度，即：信号指挥人员发出动作指令时，先呼被指挥的塔式起重机编号，塔式起重机司机应答后，信号指挥人员方可发出塔式起重机动作指令。

（6）指挥过程中，要求信号指挥人员必须时刻目视塔式起重机吊钩与被吊物，塔式起重机转臂过程中，信号指挥人员还须环顾相邻塔式起重机的工作状态，并发出安全提示语言。安全提示语言明确、简短、完整、清晰。

（7）预制构件吊装前，将根据设计图纸构件的尺寸、重量及吊装半径选择合适的吊装设备，并留有足够的起吊安全系数，并编制有针对性的吊装专项方案，吊装期间严格保证吊装设备的安全性，操作人员全部持证上岗。

（14）应急预案

根据工程施工特点，建立专项方案应急工作小组，明确各组员职责及联络方式。制定各突发事件的应急措施和响应程序。示范如下：

应急组织机构如图 5-42 所示。

人员职责：

1）项目经理（第一安全责任人）：负责应急救援全面工作。

2）安全主管（直接安全责任人）：负责制定事故预防措施及相关部门人员的应急救援工作职责。安排时间有针对性的应急救援应变演习，有计划区分任务，明确责任。

3）现场专职安全员：负责现场模板排架施工的安全检查工作及现场应急救援的指挥工作，统一对人员、材料物资等资源的调配，并负责事故的上级汇报工作。同时负责执行项目部下达的相关指令。

4）组员及各施工班组长：当发生紧急情况时，负责事故的汇报，并采取措施进行现场控制工作。同时负责执行项目部下达的相关指令。当发生紧急情况时，立即启动应急救援预案并及时采取救援工作，尽快控制险情蔓延，必要时报告分公司及公司甚至当地部门，取得政府及相关部门的帮助（表 5-17、表 5-18）。

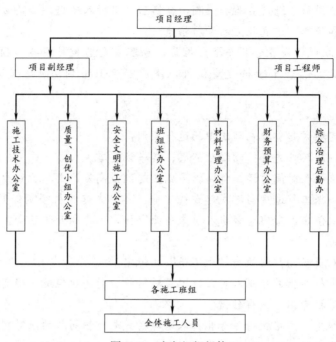

图 5-42 应急组织机构

应急救援工作程序：

1）报告

① 报告流程。

当事故发生时，按以下工作流程迅速报告：事故第一发现人→现场值班人员→安全部→现场指挥组→医院急诊科→公司经理。

② 报告内容。

现场伤害事故发生时间、地点、伤亡和财产损失基本情况，可能产生的后果、性质、当前现场状况初步减少伤亡损失的应急措施。

2）联络

① 医疗救护组与医院急诊科取得联系，报告事故地点人员伤亡情况，联系医务人员及救护车辆。

② 抢救疏散组随时与急救中心保持联系，指挥疏散，小组派专人在路口引导救护车辆，以便顺利准确到达指定地点。

3）疏散

① 疏散组首先了解事故现场有无被困地点和抢救通道是否畅通。

② 疏散组在极易造成拥挤疏散通道布置专人看护。

③ 疏散组派专人引导疏散至安全地带，并确认是否有人员未能脱离危险区，如存在立即进行施救。

④ 指挥组调派现场安全值班车辆到达事故现场待令，并联系施救所需设备、器具。

（15）计算书（略）

（16）附图表（略）

装配式施工危险源分析及应对措施   表 5-17

序号	危险源	分 析	应 对 措 施
1	高空坠落	施工期间在安装外防护架、外防护架提升等时，未做有效安全措施，可能发生高空坠落事故	高空作业时需戴好安全带、安全帽，并及时进行防护。爬架提升期间需严格按操作规程实施
2	物体打击	吊装施工时，因钢丝绳断裂等原因造成构件脱落，打击伤人；拆模后混凝土块清理不及时，掉落伤人等	采用合格的钢丝绳、吊装配件等，并定期检查、维修，确保安全。拆模后，及时清理混凝土块及螺栓等小物件，防止掉落伤人
3	机械伤害	塔式起重机、布料机、搅拌机等机械使用不当，人员位于作业半径内等，可能发生机械伤害事故	机械作业半径内不得站人，按要求配备信号工，并严格按规范操作
4	临边洞口	楼板烟道井、水电井、电梯井及施工预留等洞口临边防护不到位，人员掉落等	采用可提升式操作平台，确保作业安全、可行并及时进行硬防护或加设围栏。另外，洞口处应设置警醒标示
5	电击	搅拌机、灌浆机、电焊机等手持用电设备，楼层电箱，临时电线等漏电等	确保各设备接地保护正常，线管绝缘有效，定期排查机械设备用电隐患，并整改至合乎规范要求
6	中暑	深圳地区天气酷热，现场施工白天暴晒，如不注意防暑措施，可能发生中暑事故	施工期间注意避开中午最高温时段，另外现场设置茶水间，并配置凉茶，供施工人员消暑解渴
7	其他	……	……

应急路线及联系电话   表 5-18

序号	内 容					
1	医疗急救	120	消防救援	119	公安报警	110
2	应急联系人	姓名×××		电话×××		
		姓名×××		电话×××		
		姓名×××		电话×××		
		姓名×××		电话×××		
3	就近医院	×××医院		×××区×××路×××号		电话×××
		×××医院		×××区×××路×××号		电话×××
4	出租热线	大众		96822	锦江	96961
		强生		62580000	海博	96933
		巴士		96840	蓝色联盟	65295588

第6章

预制构件安装临时支撑

6.1 预制构件临时支撑体系概述

6.1.1 临时支撑基本要求

1. 临时支撑系统一般要求

预制构件临时支撑是用于预制构件安装定位、固定及调整所必需的工具。按支撑的预制构件类型可分为水平构件临时支撑和竖向构件临时支撑。临时支撑系统应满足以下基本要求：

① 临时支撑具有一定的承载力；

② 临时支撑应有效限制构件位移；

③ 临时支撑系统锁定前可对构件安装进行微调整。

2. 临时支撑承载力要求

临时支撑材料应具有一定强度、刚度和稳定性，可承受预制构件荷载。水平构件临时支撑体系须承受预制构件自重、现浇部分混凝土和施工荷载；竖向构件临时支撑体系须承受构件倾斜引起的水平荷载分量以及风荷载。竖向构件临时斜支撑受力分析简图如图 6-1 所示。

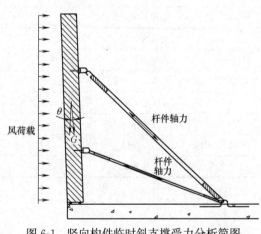

图 6-1 竖向构件临时斜支撑受力分析简图

3. 临时支撑应有效限制构件位移

临时支撑系统应能有效固定预制构件，并确保预制构件在后续施工中不出现扰动，不出现平移、翻转等现象。

4. 临时支撑系统锁定前应具有可调性

一般情况下，预制构件吊运安装精度无法一次满足要求，需二次进行调整，预制混凝土构件重量较大，仅依靠施工人员调整困难，临时支撑体系在满足承载力要求的同时也应方便施工现场对临时支撑体系进行调整，从而控制预制构件的标高、垂直度等处于标准规范容许偏差范围内。

6.1.2 水平构件临时支撑体系

需要设置临时支撑的水平预制构件主要包括预制梁、预制楼板、预制阳台板、预制空调板等受弯构件、悬挑构件等。

预制梁包括全预制梁和叠合梁。预制楼板包括钢筋桁架叠合楼板、预应力钢筋桁架叠合楼板、预应力双 T 板、预应力空心楼板等。叠合部分在施工现场浇筑混凝土，与预制构件连接成整体。

装配式混凝土建筑一般采用受弯叠合构件，临时支撑部位主要在构件端部和底部，需要根据受力计算结果确定临时支撑立杆间距、水平杆步距、剪刀撑、斜杆和托座布置。临时支撑应编制专项施工方案。

根据《装配式混凝土结构技术规程》（JGJ 1—2014）第 12.3.9 条，受弯叠合构件的安装施工应符合下列规定：

（1）应根据设计要求或施工方案设置临时支撑，首层临时支架体的地基应坚实平整，宜采取硬化措施。临时支撑的间距及其与墙、柱、梁边的净距应经设计计算确定，竖向连续支撑层数不宜少于两层，且上下层支撑位置宜对准。

（2）施工荷载宜均匀布置，并不应超过设计规定。

（3）叠合构件应在后浇混凝土强度达到设计要求后，方可拆除临时支撑。叠合板下部支撑宜选用定型化独立钢支架，竖向支撑间距应经计算确定。

水平构件选取合适的下部支撑方式，保证在后浇混凝土施工时，不发生标高偏差和其他安全质量问题，如预应力空心板，在跨中不应支设支撑点，避免过大的跨中负弯矩导致中部出现裂缝。常见水平预制构件及其临时支撑类型见表 6-1。

水平构件临时支撑体系　　　　　　　　表 6-1

预制构件类型		临时支撑类型及特点	注意点
预制梁		满堂支撑 整体性稳定性好	与现浇混凝土类似 (1)立杆搭设间距； (2)纵横水平杆设置； (3)剪刀撑、斜杆； (4)后续工序搭接； (5)拆除时间
		可拆卸钢牛腿 (1)少/免支撑； (2)安装方便	(1)受力计算； (2)牛腿标高控制； (3)预埋构造； (4)预制梁挠度； (5)构件混凝土强度； (6)拆卸方法

预制构件类型		临时支撑类型及特点	注意点
预制梁		柱帽＋局部钢管支架 少/免支撑	(1)预制构件生产精度; (2)预制构件混凝土强度
		主次梁牛担板连接 少/免支撑	防止次梁扭转
预制阳台		满堂支撑	(1)底部支撑拆除时间; (2)侧向拉结措施; (3)支撑整体稳定性
预制楼板	预制叠合楼板		满堂支撑	(1)搭设要求同现浇楼板; (2)搭设较烦琐; (3)影响下部空间其他工种施工
			独立钢支撑	(1)横楞应垂直于桁架筋方向; (2)支撑及间距应计算; (3)支撑架稳定性; (4)拆除时间

续表

	预制构件类型		临时支撑类型及特点	注意点
预制楼板	预应力钢筋桁架叠合楼板		满堂支撑/独立支撑	(1)根据跨度在端部增设支撑; (2)底板跨中增加定高支撑,防止后浇混凝土施工导致板挠度过大
	预应力双 T 板		预制搁置梁＋满堂支撑/独立钢支撑	(1)板下无撑,仅搁置梁底部设置支撑; (2)整块预制板荷载施加到预制梁,线荷载折算预制梁截面后计算
	预应力空心楼板		预制搁置梁＋满堂支撑/独立钢支撑	同双 T 板

6.1.3 竖向构件临时支撑体系

竖向预制构件,包括预制柱、预制墙等,主要为受压、受剪构件。预制墙根据预制部分组成,包括全预制墙、单面叠合墙、双面叠合墙等;根据构件所在部位,包括预制剪力墙、预制填充墙、预制凸窗、预制外挂墙板等。

竖向构件的自身重力荷载由下一层预制构件或现浇结构承受,由临时支撑在竖向构件侧边承受可能导致构件倾覆的荷载,确保在后续施工中不发生位移、倾覆。常见竖向预制构件及其临时支撑注意点见表 6-2。

竖向构件斜支撑体系   表 6-2

预制构件类型			注意点
预制柱	预制柱		(1)预制柱支撑在两个互相垂直的方向设置斜支撑; (2)两个方向均需调整校正

续表

预制构件类型			注意点
预制凸窗	预制凸窗		下部斜撑不便设置时,应在底部用板板连接件与下侧结构相连固定
预制墙	全预制墙		(1)剪力墙一般两道斜支撑; (2)底部一道控制构件位移; (3)顶部一道控制构件翻转
	单面预制叠合墙		(1)斜支撑预埋件应伸出后浇墙的宽度; (2)底部设置有限位器(板板连接件)时,可取消底部一道斜支撑
	双面预制叠合墙		同全预制墙
	预制外挂墙		(1)同全预制墙; (2)及时安装固定角码

6.2　水平构件满堂支撑

6.2.1　满堂支撑概述

根据钢管连接形式，满堂支撑主要包括扣件式、盘扣式、轮扣式、门式等形式。现阶段应用较多有扣件式和盘扣式两种。

满堂支撑设计理论、计算软件、搭设工艺较为成熟，应用较广泛，适应性强，在空间变化较复杂的项目中有较大优势。

满堂支撑由立杆、纵横水平杆和斜向拉杆组成整体，根据荷载计算调整立杆间距、水平杆步距和斜向拉杆间距。

相比现浇结构施工中的满堂支架搭设，装配式建筑满堂支架搭设有如下优点：

（1）预制水平构件底部可以作为模板，模板支架体系中底部模板可以省略；

（2）预制部分变形模量较胶合板大，支撑立杆间距可较全现浇构件大，可以大幅度节约钢管等周转材料；

（3）刚度较大的预应力楼板如预应力双 T 板、预应力空心板仅需在端部支撑处搭设，板下无需搭设支撑，大大降低了模板排架周转材料的使用量，同时也节约了大量的搭拆人工。

6.2.2　搭设流程

水平预制构件满堂支撑搭设流程如图 6-2 所示。

6.2.3　扣件式满堂支撑

扣件式满堂支撑设计计算内容包括：纵向、横向水平杆等受弯构件的强度和连接扣件的抗滑移承载力计算；立杆的稳定性计算；连墙件的强度、稳定性和连接强度的计算；立杆地基承载力计算。

1. 立杆设置

满堂支撑立杆底部宜设置底座或垫板，立杆间距须经计算确定，常见满堂支撑立杆间距为 800～1200mm，对于超高超重支模需加密立杆间距并经计算确定。

根据《建筑施工扣件式钢管脚手架安全技术规范》（JGJ 130—2011）第 6.3.5 条规定，单排、双排与满堂脚手架立杆接长除顶层顶部外，其余各层各步接头必须采用对接扣件连接。

第 6.8.3 条规定，满堂脚手架、满堂支撑架立杆接长接头必须采用对接扣件连接，立杆的对接扣件应交错布置，两根相邻立杆的接头不应设置在同步内，同步内隔一根立杆的两个相隔接头在高度方向错开的距离不宜小于 500mm；各接头中心至主节点的距离不宜大于步距 1/3。

脚手架立杆基础不在同一高度上时，必须将高处的纵向扫地杆向低处延长两跨与立杆固定，高低差不应大于 1m。靠边坡上方的立杆轴线到边坡的距离不应小于 500mm。

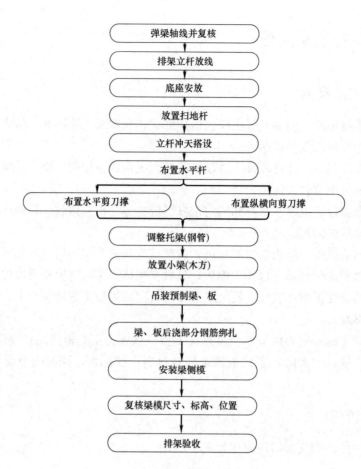

图 6-2 水平预制构件满堂支撑搭设流程

2. 水平杆

钢管扣件式满堂支撑架节点部位应设置纵横向水平杆,步距一般不大于 1.8m,顶层步距不应大于中间步距。顶部采用顶托传力时,顶托悬臂端不应大于 500mm。

《建筑施工扣件式钢管脚手架安全技术规范》(JGJ 130—2011)第 6.2.1 条第 2 款规定:

水平杆应设置在立杆内侧,单根长度不应小于 3 跨;

水平杆接长应采用对接扣件连接或搭接,并应符合:

(1)两根相邻纵向水平杆的接头不应设置在同步或同跨内;不同步或不同跨两个相邻接头在水平方向错开的距离不应小于 500mm;各接头中心至最近主节点的距离不应大于纵距的 1/3;

(2)搭接长度不应小于 1m,应等间距设置 3 个旋转扣件固定;端部扣件盖板边缘至搭接纵向水平杆杆端的距离不应小于 100mm。

3. 剪刀撑设置

满堂支撑应在纵、横向间隔一定距离设置竖向剪刀撑,并应根据满堂支撑架搭设高度,在竖向剪刀撑顶部交点平面、扫地杆的设置层及高排架中间每 2～3 步距设置水平剪刀撑，保证支架结构稳定。

根据《建筑施工脚手架安全技术统一标准》（GB 51210—2016）第 8.3.4 条，支撑架应设置纵横向竖向剪刀撑，并应符合下列规定：

（1）安全等级为Ⅱ级的支撑架应在架体周边、内部纵向和横向每隔不大于 9m 设置一道；

（2）安全等级为Ⅰ级的支撑架应在架体周边、内部纵向和横向每隔不大于 6m 设置一道。

根据《建筑施工脚手架安全技术统一标准》（GB 51210—2016）第 8.3.6 条，支撑架应设置水平剪刀撑，并应符合下列规定：

（1）安全等级为Ⅱ级的支撑架宜在架顶处设置一道水平剪刀撑；

（2）安全等级为Ⅰ级的支撑架应在架顶、竖向每隔不大于 6m 各设置一道水平剪刀撑。

竖向剪刀撑杆与地面的倾角应为 45°～60°，水平剪刀撑与支架纵（或横）向夹角应为 45°～60°。剪刀撑应连续设置，剪刀撑的宽度宜为 6m 左右。

剪刀撑斜杆的接长采用搭接时，搭接长度不应小于 1m，并应采用不少于两个旋转扣件固定。端部扣件盖板的边缘至杆端距离不应小于 100mm。

剪刀撑应用旋转扣件固定在与之相交的水平杆或立杆上，旋转扣件中心至主节点的距离不宜大于 150mm。

4. 扫地杆构造要求

满堂支撑架扫地杆具有两个作用：一是增强架体的整体性；二是减小底部立杆的计算长度。

根据《建筑施工脚手架安全技术统一标准》（GB 51210—2016）、《建筑施工扣件式钢管脚手架安全技术规范》（JGJ 130—2011）第 6.3.2 条及《混凝土结构工程施工规范》（GB 50666—2011）第 4.4.7 条规定，满堂支撑架必须设置纵、横向扫地杆。

纵向扫地杆应采用直角扣件固定在距钢管底端不大于 200mm 处的立杆上。横向扫地杆应采用直角扣件固定在紧靠纵向扫地杆下方的立杆上。

6.2.4 盘扣式满堂支撑

根据《建筑施工承插型盘扣式钢管支架安全技术规程》（JGJ 231）要求，满堂支撑应进行下列设计计算：模板支架的稳定性计算；独立模板支架超出规定高宽比时的抗倾覆验算；纵、横向水平杆及竖向斜杆的承载力计算；通过立杆连接盘传力的连接盘抗剪承载力验算；顶托传力验算；立杆地基承载力计算等。

根据《建筑施工承插型盘扣式钢管支架安全技术规程》（JGJ 231）规定，承插型盘扣式满堂支撑应根据经计算确定的立杆间距，并根据立杆间距选用相应规格的水平杆。常用水平杆规格包括 300mm、600mm、900mm、1200mm 等，选用的水平杆规格不应大于立杆间距要求。

满堂支撑搭设时，应根据高度进行立杆规格搭配，防止满堂支撑同截面连接。在立杆合理组合的基础上，通过可调相关顶托、可调底座进行标高调节。可调顶托、可调底座的搭设应符合 JGJ 231 的要求。

1. 扫地杆

作为扫地杆的最底层水平杆离地高度不应大于 550mm。当单肢立杆荷载设计值不大于 40kN 时，底层的水平杆步距可按标准步距设置，且应设置竖向斜杆；当单肢立杆荷载设计值大于 40kN 时，底层的水平杆应比标准步距缩小一个盘扣间距，且应设置竖向斜杆。

2. 斜杆

根据《建筑施工承插型盘扣式钢管支架安全技术规程》（JGJ 231），满堂支撑架斜杆或剪刀撑设置应符合下列要求：

（1）当搭设高度不超过 8m 的满堂支撑架时，步距不宜超过 1.5m，支撑架架体四周外立面向内的第一跨每层均应设置竖向斜杆，架体整体底层以及顶层均应设置竖向斜杆，并应在架体内部区域每隔 5 跨由底至顶纵、横向均应设置竖向斜杆或采用扣件钢管搭设的剪刀撑。当满堂支撑架的架体高度不超过 4 个步距时，可不设置顶层水平斜杆；当架体高度超过 4 个步距时，应设置顶层水平斜杆或扣件钢管水平剪刀撑，如图 6-3、图 6-4 所示。

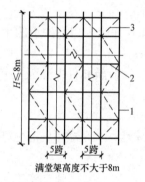

图 6-3 斜杆设置立面图
1—立杆；2—水平杆；3—斜杆

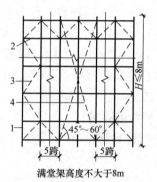

图 6-4 剪刀撑设置立面图
1—立杆；2—水平杆；3—斜杆；4—扣件钢管剪刀撑

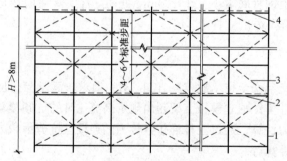

图 6-5 满堂支撑架高度大于 8m 水平斜杆设置立面图
1—立杆；2—水平杆；3—斜杆；
4—水平层斜杆或扣件钢管剪刀撑

（2）当搭设高度超过 8m 的支撑架时，竖向斜杆应满布设置，水平杆的步距不得大于 1.5m，沿高度每隔 4～6 个标准步距应设置水平层斜杆或扣件钢管剪刀撑。周边有结构物时，宜与周边结构形成可靠拉结（图 6-5）。

（3）当支撑架搭设成无侧向拉结的独立塔状时，架体每个侧面每步距均应设竖向斜杆。当有防扭转要求时，在顶层及每隔 3～4 步应设置水平层斜杆或钢管水平剪刀撑（图 6-6）。

6.2.5 满堂支撑底座和托座

装配式建筑水平构件（如叠合梁板）一般底部为预制构件，顶部为叠合后浇的混凝土。梁板底模可以省略，仅需在预制构件交接处（如板板、板梁、梁柱）位置支设底模，

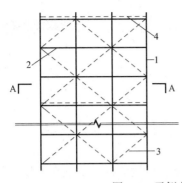

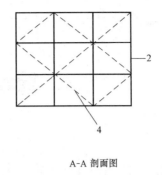

A-A 剖面图

图 6-6　无侧向拉结塔状支模架

1—立杆；2—水平杆；3—斜杆；4—水平层斜杆

防止混凝土浇筑时漏浆。

　　由于预制混凝土构件刚度较传统的模板刚度大，支撑架体系中格栅间距可适当放大，或者与顶托主梁合二为一，采用顶托＋木方或双钢管直接支撑在预制楼板底部（图 6-7）。使用托座支撑，便于复核、调整标高。

　　扣件式满堂支撑可调底座和可调托座，根据《建筑施工脚手架安全技术统一标准》（GB 51210—2016）第 8.3.13 条规定，支撑脚手架的可调底座和可调托座插入立杆的长度不应小于 150mm，其可调螺杆的外伸长度不宜大于 300mm。

图 6-7　满堂支架顶部托座支撑预制楼板

　　盘扣式满堂支撑可调托座伸出顶层水平杆或双槽钢托梁的悬臂长度严禁超过 650mm，且丝杆外露长度严禁超过 400mm，可调托座插入立杆或双槽钢托梁长度不得小于 150mm。

　　盘扣式满堂支撑可调底座调节丝杆外露长度不应大于 300mm。

6.3　水平构件独立钢支撑

6.3.1　独立钢支撑种类及构造

1. 独立钢支撑种类

独立钢支撑常见有分段式和整体式两种，如图 6-8 所示。

　　分段式独立钢支撑一般由插管和套管组成，通过插管伸缩来调整独立钢支撑的高度。插管上设计间距为 100～150mm 销孔，销孔内插入直形钢插销或回形钢插销，用来固定插管。外套管上端加工成螺纹或焊接螺纹管，并沿管长方向开设通孔和配备螺母，通孔宽度应大于插销直径，通孔长度应大于插管销孔间距，通过销孔进行较大范围长度调整，通过螺母进行微调，实现独立钢支撑标高调节。

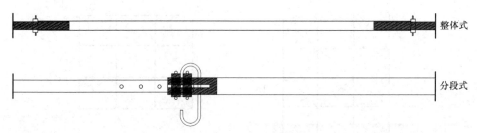

图 6-8　独立钢支撑种类

　　整体式独立钢支撑为定长单管，其上端或下端应设丝杆调节支撑长度，类似普通脚手架钢管加上底座和托座，但较普通脚手架钢管截面尺寸更大。

　　分段式独立钢支撑调整位置在中部，较整体式独立钢支撑便于施工人员操作，长度调整范围较大，使用较为广泛。

2. 顶部支撑头和底部撑脚

　　在预制结构中，水平预制构件底部为预制部分，无需模板，独立钢支撑直接支撑在预制构件上，做法同现浇结构独立钢支撑直接支顶楼板设置，独立钢支撑顶部托座可参照早拆支撑头设置，采用 U 形、四肢托座等，配合型钢或木方横梁完成预制构件支撑，如图 6-9、图 6-10 所示。

图 6-9　独立钢支撑 U 形支撑头＋木方

图 6-10　预制板后浇混凝土独立钢支撑

　　独立钢支撑在稳定性上不如满堂支撑，为了提高安全性，须增加提高稳定性的构造措施。

图 6-11　独立钢支撑三脚架

　　（1）独立钢支撑立杆底部应焊接底板，底板尺寸应经过地基承载力复核，底板上应设置备用固定孔，必要时可通过底部设置螺栓来固定独立钢支撑。

　　（2）独立钢支撑下部配有三脚架，三脚架应能便捷固定在独立钢支撑上，形成有效的支撑，并能快速分离和折叠，便于运输，如图 6-11 所示。

　　（3）当安装台模、模板独立钢支撑

安装起步或上部施工荷载较大时，独立钢支撑之间可采用框形架、临时水平杆连接或独立钢支撑加密，其连接方式可在外套管上焊接盘扣或安装盘扣构件连接，也可采用异形插销锁扣或扣件连接，如图 6-12 所示。

图 6-12　独立钢支撑增加水平连接杆

6.3.2　独立钢支撑布点

1. 独立钢支撑设计计算内容

独立钢支撑立杆主要依据构件进行布置，即单个构件对应相应独立钢支撑布置，主要考虑预制构件的支撑承载力、预制构件挠度、预制构件稳定性。独立钢支撑设计应具有足够的承载能力、刚度和稳定性，应能可靠地承受施工过程中的永久荷载与可变荷载的不利组合。承载能力应进行计算确定，独立钢支撑设计计算内容包括：

（1）独立钢支撑支撑头上的主梁设计计算。

（2）独立钢支撑的稳定性承载力计算。

（3）承载插销剪切强度验算。

（4）插销处钢管壁局部承压强度验算。

（5）基础承载力验算。

根据计算内容编制独立支撑方案，方案中应明确独立支撑的布置要求，搭拆要求等。独立支撑布置时还应综合考虑，遵循简单、便捷装拆方便，便于施工人员通行、材料搬运等原则。

2. 预制梁独立支撑布置

预制主次梁独立钢支撑系统施工时，应先根据所施工的水平结构自重和施工荷载，计算出主次梁的最大允许跨度和最大悬挑长度，独立钢支撑间距应在主次梁最大允许跨度范围内。如果构件承载力计算不满足，再对独立钢支撑间距进行加密。

预制梁采用独立钢支撑作为临时支撑系统时，可配合加设两道斜支撑进行侧向支撑，防止发生侧向位移或翻转，如图 6-13 所示。

3. 预制楼板独立支撑布置

预制楼板刚度较现浇结构普通胶合模板刚度大，下部支撑可大幅度减少，独立钢支撑可灵活布置。

刚度较小的预制楼板，如预制叠合楼板，一般采取 5 点支撑。板跨 1/4 间距布置 4 点，同时为了防止施工时跨中挠度过大，在预制楼板中心部位应增设 1 点，如图 6-14 所示。

底部无须设置支撑的预应力混凝土楼板，起拱底面支撑标高不定，采用独立钢支撑便于移动和调节标高，更利于提升施工效率。

装配式建筑预制楼板种类较多，在临时支撑设计计算和布置时，应遵循并优先参考相关标准、规范、图集、产品手册中对其底部支撑的要求。

如预应力混凝土楼板支撑，在现有装配式建筑中一般采用的是先张法制作，构件加工完成后跨中会向上起拱，如预应力混凝土桁架叠合楼板（PK 板）、预应力混凝土空心楼

图 6-13　预制梁斜支撑

图 6-14　预制叠合楼板独立钢支撑

板、预应力混凝土双 T 板等，多点支撑反而会引起跨中负弯矩增大，造成顶部混凝土开裂。

如预应力混凝土钢管桁架叠合楼板，产品图集中要求，预制板底就位前应设置好由竖撑和横梁组成的临时支撑，两端距离支座 500mm 处必须各设置一道（图 6-15）。跨内支撑布置按以下要求：

当底板跨度 $2.1m \leqslant L \leqslant 3.3m$，底板跨内不设置支撑；

当底板跨度 $3.3m < L \leqslant 4.8m$，底板跨内增设一道支撑；

当底板跨度 $4.8m < L \leqslant 6.6m$，底板跨内增设两道支撑；

当底板跨度 $6.6m < L \leqslant 9.0m$，底板跨内增设三道支撑。

根据现场实际施工情况，预应力钢管桁架楼板混凝土层较薄，刚度小易变形，在现场作业人员、上部现浇混凝土加载作用下，跨中会从上拱变为下挠，造成板底不平整。应在遵循上面设计要求的情况下，对于跨度 3.3m 以上预应力钢管桁架楼板，底板跨内增设支撑，支撑顶标高按照设计标高控制，仅在预应力板跨中受力下挠时起支撑作用，既避免底部跨内支撑接触预应力板造成跨中负弯矩过大，同时也避免了跨中下挠不均匀造成后续楼底面不平整。

预应力混凝土空心楼板与预应力混凝土双 T 板刚度较大，仅端部简支支撑即可满足要求（图 6-16）。直接搁置在两侧搁置梁上时，楼板荷载应全部分摊到两侧搁置梁上，设计搁置梁下支撑时应注意荷载取值。

图 6-15 预应力钢管桁架楼板支撑

图 6-16 预应力混凝土双 T 板底部

6.4 竖向构件斜支撑

6.4.1 斜支撑种类及构造

1. 斜支撑作用与设置

斜支撑体系适用范围主要是竖向预制构件，如预制墙、柱，但对于一些需要控制翻转的预制构件同样适用，例如采用独立钢支柱时的预制梁。斜支撑支撑预制构件时，斜支撑一端与预制构件连接，另外一端与支承结构连接。

斜支撑使用前应进行相应的受力计算。如底部有纵向伸出钢筋、仅有两道上部斜支撑的 3m 高 200mm 厚全预制剪力墙，对构件最大倾斜角度时的斜支撑进行受力分析，验算支撑强度和稳定性。预制构件倾角 10°的情况下，ϕ50mm 斜支撑杆完全可以抵抗构件倾角产生的倾覆力，很难发生倾覆。实际施工也证明了现有斜支撑对于预制构件安全系数较高，但仍需根据预制构件特点进行验算。

由于斜支撑可能受拉，连接件与预制构件、现浇结构连接应同时满足受拉情况。一般情况下，由深化设计对连接件构造措施进行相应的规定。以 U 形环为例，与吊环采用相同材质的 Q235B 钢材或 HPB300 冷弯制作，U 形环两端设置支脚，埋设时，U 形环支脚埋入现浇楼板内，紧贴 U 形环支脚上部放置附加短钢筋增大抗拉面积，防止混凝土局部破损 U 形环被拉出。

根据装配式建筑施工规范，每个竖向预制构件斜支撑不少于两道，每道设上下两层支撑杆。上部支撑杆主要用于构件垂直度调整，控制构件翻转，可通过伸缩上道斜向支撑对构件垂直度进行微调；下部支撑杆主要用于控制构件位置平面进出位置，按照定位控制线调整、固定竖向构件平面位置。

根据《装配式混凝土建筑技术标准》（GB/T 51231）第 10.3.4 条规定，竖向预制构件安装采用临时支撑时，应符合下列规定：

（1）预制构件的临时支撑不宜少于两道。

（2）对预制柱、墙板构件的上部斜支撑，其支撑点距板底的距离不宜小于构件高的 2/3，且不应小于构件高的 1/2；斜支撑应与构件可靠连接。

（3）构件安装就位后，可通过临时支撑对构件的位置和垂直度进行微调。

（4）斜支撑与地面或楼面连接应可靠，不得出现连接松动引起竖向预制构件倾覆等。

当墙板底没有水平约束时，墙板的每道支撑包括上部斜撑和下部支撑，下部支撑可做成水平支撑或斜向支撑。

底部纵向钢筋可以起到水平约束作用时，可仅设置两道上部斜撑。

预制柱斜支撑不应少于两道，且应设置在两个相邻的侧面上，水平投影相互垂直。

2. 常见斜支撑种类

1）整体式斜支撑。

整体式斜支撑杆件为一整根杆件的斜支撑，主要包括丝杆、螺套、支撑杆、手把和连接支座（挂钩）等部件。丝杆可调节斜支撑长度。

支撑杆两端焊有内螺纹旋向相反的螺套，中间焊手把；螺套旋合在丝杆无通孔的一段，丝杆端部设有防脱挡板；丝杆与支座耳板采用高强度螺栓连接，支座底部开有螺栓孔，在预制构件安装时支撑杆两端丝杆与连接支座相连。

整体式杆件调整较为方便，通过长杆工具穿过中部手把，可较为轻松地转动支撑杆，如图 6-17、图 6-18 所示。

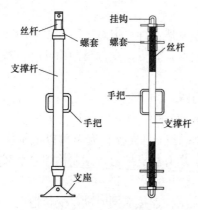

图 6-17　整体式斜支撑系统

图 6-18　整体式斜支撑

2）分段式斜支撑。

分段式斜支撑系统由支撑杆、插管、套管、调节螺母和插销等配件组成，支撑杆件两端设可转动的连接组件。

构件安装时，根据长度伸缩插管，选定插管上销孔插入销钉，旋转销钉两侧螺母固定销钉，如图 6-19、图 6-20 所示。

3）斜支撑构件连接组件。

斜支撑杆通过专用的连接组件连接预制构件与支撑点，并支撑和调整预制构件。

连接组件根据组成可分为分体式和整体式。分体式为预埋一部分，现场连接时再安装另一部分，随后再连接斜支撑杆；整体式连接组件为预埋后可直接连接斜支撑杆。整体式连接组件连接效果较分体式好，由于是一次性埋设，凸出混凝土面，影响后续操作和人员移动，操作便利性不如分体式连接组件。

图 6-19 分段式斜支撑系统

图 6-20 分段式斜支撑

根据连接组件与混凝土连接方式不同，可分为螺栓连接（预埋螺母/螺栓）、整体埋件连接等。连接组件与斜支撑杆连接形式主要有拉环连接、孔板连接等。

（1）连接组件与混凝土连接方式。

连接组件预埋锚入部分在预制构件制作或现浇混凝土施工时进行预埋锚固，外露部分与斜支撑杆连接。

螺栓连接一般为分体式连接，在混凝土中预埋螺栓或螺母，后续部分通过螺母或螺栓与预埋件连接，如图 6-21～图 6-23 所示。

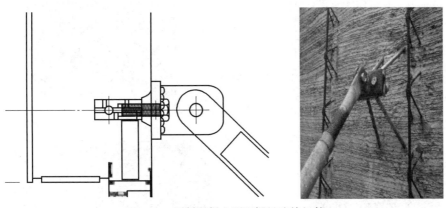

图 6-21 预制混凝土预埋螺母连接组件

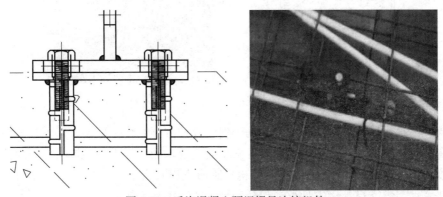

图 6-22 后浇混凝土预埋螺母连接组件

103

图 6-23　后浇混凝土预埋螺栓连接组件

深化设计时，应通过精确计算，在预制构件与现浇楼板的相应位置设置预埋件（螺栓或螺母）。构件吊装前，在预制构件上安装螺母或螺栓连接件，连接件设置有螺栓孔，吊装时，及时用螺栓将支撑杆件的两端固定在连接件上。

整体式埋件应在混凝土浇捣前准确预埋，如 U 形预埋环（图 6-24）、开孔板（图 6-25）。

（2）连接组件与斜支撑杆连接方式。

现阶段深化设计中，斜支撑杆件一般垂直于构件长度方向，如图 6-26 所示。不同位置的支承结构连接组件预埋点，相对预制构件距离尽可能保持一致，方便现场埋设、减少斜支撑规格种类。

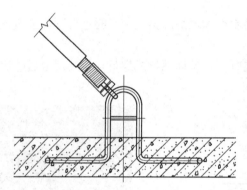

图 6-24　U 形预埋环

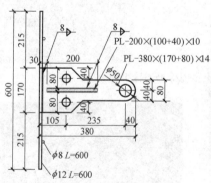

图 6-25　开孔板

斜支撑垂直预制构件长度方向，有助于斜支撑控制预制构件翻转，但不利于预制构件长度方向位移约束。因此，在斜支撑长度满足安装要求的前提下，连接组件预埋位置可沿构件长度方向偏移 100mm 左右，有利于构件临时支撑安全。

连接组件与斜支撑连接常见形式包括钩环连接、销栓连接等。

a. 钩环连接：连接组件一般与带挂钩的支撑杆配套使用。在预制构件中设置预埋螺母（与拆模吊点共用），后续现场施工时使用螺栓安装环形连接板（拉板），也可预埋入整体式连接组件（如开孔板、U 形环），组后与带挂钩的支撑杆连接，如图 6-27 所示。

环形连接板、开孔板与挂钩支撑杆组合的连接节点，便于现场安装操作，允许在平面方向较大角度范围内安装斜支撑。现场施工中，即便连接组件预埋位置出现偏差，在斜支撑杆允许长度范围内均可完成安装。

b. 销栓连接：也是一种常见的连接方式。销栓连接组件一般与端部开孔的斜支撑杆配合使用，

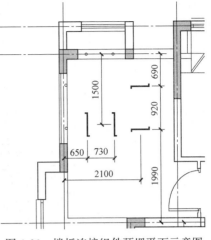

图 6-26　楼板连接组件预埋平面示意图

连接时销栓先依次穿过连接组件开孔与斜支撑杆开孔，后采用销片或螺栓固定销栓。典型的销栓连接组件如图 6-28 所示。

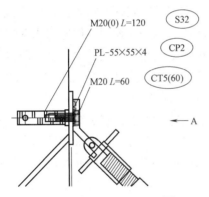

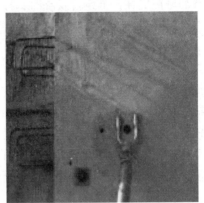

图 6-27　环形连接板

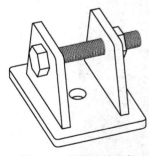

图 6-28　销栓连接组件

分段斜支撑杆配合销栓连接组件作为竖向构件临时支撑体系时，受分段斜支撑中部销栓的限制，斜支撑插管与套管杆无法相对扭转。如预制构件支撑点预埋件与支承结构预埋件位置偏差稍大，斜支撑与预制构件不再相互垂直，连接组件无法与混凝土紧密连接固定，产生偏差后，现场须采用直径较小的穿板螺栓，使分段式斜撑可偏转有限角度，但斜支撑安装仍较为困难，如安装不牢固，将影响后续预制构件调整。

6.4.2　斜支撑安装操作流程

斜支撑安装操作流程如图 6-29 所示。

预制构件吊装落位后，安装预制构件、支承结构连接组件，调整斜支撑长度，连接斜支撑与连接组件，顶部操作困难时应使用登高梯。

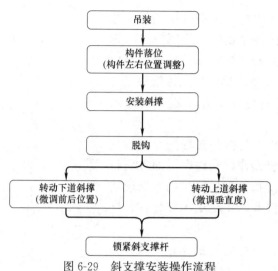

图 6-29　斜支撑安装操作流程

根据《装配式混凝土建筑技术标准》（GB/T 51231—2016）第 10.3.3 条规定，预制构件与吊具的分离应在校准定位及临时支撑安装完成后进行。

本书以套筒灌浆连接的预制剪力墙脱钩操作为例进行阐述。预制构件校准定位后，安装斜支撑，上部斜支撑主要控制构件偏转，下部斜支撑主要控制构件底部水平位置。底部伸出钢筋作为水平约束时，预制构件水平位置校准定位并安装完成两道上部斜支撑后可进行脱钩，以提高施工效率；底部无水平约束的竖向构件，应在校准定位后及时安装斜支撑，每道斜支撑包括上部和下部支撑，全部安装后再进行脱钩。

预制构件调整应按如下程序进行：根据预制构件水平位置控制线，测量构件前后位置偏差，转动相应位置下部斜支撑调整构件前后位置，一人持靠尺测量构件垂直度，另一人转动相应位置的下部斜支撑调整垂直度，调整到符合要求后，将斜支撑丝杆锁扣锁紧（图6-30）。

图 6-30　竖向构件垂直度调整

斜支撑丝杆与螺母啮合长度是有效连接的保障，综合可调支座丝杆啮合长度，应保证丝杆与螺母啮合不少于 6 扣，同时保证套管内有足够的安全长度。防止受压弯折破坏。参考水平构件临时支撑中顶托的规定，顶托插入钢管的长度不小于 150mm。

6.5 临时支撑拆除要求

临时支撑的拆除应符合设计和规范要求。后浇混凝土或灌浆强度达到要求后，方可拆除临时支撑。

6.5.1 水平构件支撑拆除

叠合梁板底模和水平构件支撑的拆除，对结构混凝土强度要求应符合《混凝土结构工程施工质量验收规范》（GB 50204—2015）中第 4.3 条模板拆除分项的规定。具体主控项目如下：

底模及其支撑拆除时，现浇部分混凝土强度应符合设计要求；当设计无具体要求时，混凝土强度应符合表 6-3 的规定。

检查数量：全数检查。

检验方法：检查同条件养护试件强度试验报告。

底模拆除时的混凝土强度要求　　　　　　　　　　表 6-3

结构类型	结构跨度（m）	按设计的混凝土强度标准值的百分率（%）
板	≤2	≥50
	>2，≤8	≥75
	>8	≥100
梁	≤8	≥75
	>8	≥100
悬挑梁	—	≥100

拆除时，根据《建筑施工脚手架安全技术统一标准》（GB 51210—2016）第 9.0.8 条，支撑架拆除作业必须符合下列规定：

（1）架体的拆除应从上而下逐层进行，严禁上下同时作业。

（2）同层杆件和构配件必须按先外后内的顺序拆除；剪刀撑、斜撑杆等加固杆必须在拆卸至该杆件所在的部位时再拆除。

（3）支撑架连墙件必须随架体逐层拆除，严禁将连墙件整层或数层拆除后再拆除架体。拆除作业过程中，当架体的自由端高度超过两个步距时，必须采取临时拉结措施。

6.5.2 竖向构件斜支撑拆除

竖向构件斜支撑拆除应按设计要求进行。设计无要求时，应按如下要求进行：

（1）竖向预制构件采用灌浆套筒连接方式，预制构件吊装后立即进行灌浆时，灌浆料抗压强度满足后续施工承载要求后，方可拆除临时支撑措施。灌浆料同条件养护试块抗压强度达到 35N/mm^2 后，方可进行对接头有扰动的后续施工。

（2）预制构件吊装后未立即进行灌浆，而是先进行边缘构件和叠合楼板混凝土浇筑时，由于边缘构件已经对预制构件形成有效固定，此时临时支撑拆除时间可根据后浇混凝土抗压强度确定，并在拆除构件支撑后及时灌浆。

6.6　临时支撑搭设的相互协调

6.6.1　水平支撑与竖向支撑的搭接相互关系

预制构件一般先安装竖向构件后安装水平构件，两种构件的临时支撑难免相互干扰。一般先进行竖向构件安装及竖向支撑搭设，然后进行水平支撑搭设及水平构件安装。

采用满堂支撑时，两种临时支撑由不同工种、不同队伍搭设，可能产生斜支撑被拆除、竖向支撑连接到斜支撑等存在安全隐患的操作，应加强现场巡查，及时协调和整改。严禁搭设水平支撑时擅自拆除斜支撑。

6.6.2　斜支撑间的相互干扰（楼梯间、电梯间）

预制构件斜支撑在施工现场布置，不仅会对水平构件支撑造成影响，不同构件之间的斜支撑也会相互影响。在深化设计时，应对斜支撑布置进行合理优化，避免斜支撑相互干扰，导致预制构件无法安装或安装困难，造成安全隐患，影响安装质量。

施工时应特别注意以下部位预制构件斜支撑布置。

1. 楼梯间预制墙板临时斜支撑

楼梯间空间小，且楼梯预制构件安装受工序影响相对比较滞后。以楼梯间休息平台标高或者楼层标高留设施工缝时，每次施工仅安装一层构件，操作面受影响。

图 6-31　楼梯间预制墙板斜支撑

楼梯间墙板采用预制时，须设计好支撑杆件所在位置，斜支撑杆尽量支撑在已经完成主体结构上（如下层楼板、楼梯间墙、梯段板）。无法支撑到主体结构时，斜支撑应交错对称放置，利用底部钢筋作为支撑点，墙体构件平面位置不易调整，吊运安装时应一次安装、调整完成。

由于此处跨层支撑，斜支撑杆较长，材料应准备齐全，尽量避免斜撑临时接长。部分斜支撑可采用对撑方式，但不可全部采用对撑方式，如图 6-31 所示。

2. 阴角部位竖向构件临时斜支撑

阴角部位竖向构件斜撑支撑点在同一范围，空间关系较为复杂，斜支撑杆易发生相互干涉，进而影响斜支撑安装。同一楼层斜支撑位置设计时，为方便构件厂加工和现场施工，高度一般相同，现场在现浇楼层上埋设斜支撑埋件位置也基本固定，埋设前须对斜支撑是否相互影响进行复核，如能建立三维模型查看更加直观，如图 6-32、图 6-33 所示。

如设计图没有对埋件位置进行深化，可按照下面方法布置埋件：

（1）预制构件斜撑埋设点高度确定。

（2）分别以上部和下部斜撑杆伸缩的最短和最长为半径，以预制构件相应支撑位置为原点画圈，与地面相交，分别得出上、下道支撑杆在地面上的支撑范围。

（3）两道支撑杆的地面支撑范围交集即为楼面埋件距构件的距离。

（4）相邻斜撑杆在平面上尽量不发生交集，如有交叉，则将斜支撑埋件位置沿平行于墙板的线上稍作移动，使相邻预制构件斜支撑在楼面支撑点尽量远离。

图 6-32　阴角部位预制构件斜支撑布置

图 6-33　斜支撑相互干涉无法安装

第**7**章

预制混凝土构件安装

7.1 预制构件安装概述

7.1.1 预制构件安装顺序

预制构件吊装，按装配式建筑结构体系，可分为剪力墙结构构件安装和框架结构构件安装。

按预制构件类型可分为竖向预制构件安装和水平预制构件安装。竖向预制构件主要包括预制剪力墙、预制填充墙、预制夹心保温板、预制单面叠合墙、预制双面叠合墙、预制柱、预制凸窗、预制外挂墙板、预制条板等；水平预制构件主要包括预制梁、预制叠合梁、预制叠合板、预制空调板、预制阳台、预制楼梯、预应力双 T 板、SP 板等。

预制构件安装基本流程为：准备工作、预制构件吊装、预制构件调整及固定、预制构件安装质量检查验收。

一般情况下，可按施工图纸安装顺序进行预制构件安装。若无安装顺序图，应根据设计的安装图及工程施工实际情况，在安装前编制施工方案。施工方案需包括预制构件安装顺序图。

预制构件安装顺序按以下原则进行，必要时预制构件安装顺序图应经设计确认。

吊装过程中，剪力墙两侧会受到伸出墙板水平钢筋的影响，在同一建筑同一层既有预制剪力墙又有预制填充墙安装时，应先吊装预制剪力墙后吊装预制填充墙为原则。

预制墙板间的暗柱钢筋绑扎，应结合预制墙板吊装情况，在墙板吊装前或吊装后完成绑扎，避免工序颠倒造成预制墙板无法安装、钢筋无法绑扎或绑扎不到位等现象。

框架结构预制梁吊装受预制梁的高度、位置及伸出钢筋位置的影响，应遵循一定安装顺序，一般先吊主梁后吊次梁。梁高相同时，按下侧主筋在下先安装，下侧主筋在上后安装为原则。

7.1.2 安装安全管理

预制构件安装涉及大型机械设备作业，属于危险性较大的施工作业。安全作业是顺利施工的首要条件，实施过程中应严格遵守安全生产各项规章制度。

遇到雨、雪、雾天气，或者风力大于 5 级时，不得进行吊装作业。

吊装区域应设置隔离栏，安装作业区进行围护并做出明显的标识，拉警戒线，严禁与安装作业无关的人员进入。根据危险源级别进行旁站。

吊装过程中的悬空作业处，要设置防护栏杆或其他临时可靠的防护措施。构件安装时楼面临边应设置围挡，或设置安全警示条，派安全人员监督。

预制构件吊装宜采用标准吊具。预制墙板吊装前应检查吊装索具锚固是否安全，吊装螺丝强度、规格、长度是否符合要求，钢丝绳及吊装螺丝磨损过大应按要求及时更换。

预制构件正式安装前，宜选择有代表性的构件按首件安装程序进行试安装，并应根据试安装结果及时调整完善施工方案和施工工艺。

预制构件装运前，应确认薄弱构件及构件薄弱部位、构件的门窗洞口等，是否采取了防止变形开裂的临时加固措施。墙板门窗框、装饰表面和棱角应采用塑料贴膜或其他措施防护。

预制构件起吊时的吊点合力宜与构件重心重合，可采用可调式横吊梁均衡起吊就位。预制构件吊装时应进行试吊，起吊速度要慢，构件及起重臂下不能站人。预制构件起吊时绳索与构件水平面的夹角不宜小于 $60°$，且不应小于 $45°$。预制构件提升 300mm 左右后，停稳构件，检查钢丝绳、吊具和预制构件状态，确认吊具安全且构件平稳后，方可缓慢提升构件。

吊运预制构件时，构件下方严禁站人。应待预制构件降落至距地面 1m 以内时方准作业人员靠近，就位固定后方可脱钩。

预制构件临时固定措施、临时支撑系统应具有足够的强度、刚度和整体稳固性。预制墙板外饰面不宜作为支撑面，对构件薄弱部位应采取保护措施。

7.2 预制剪力墙安装

7.2.1 基层面及预埋钢筋检查校正

预制剪力墙安装涉及的基层面测量定位要求、预留钢筋定位控制方法、预埋钢筋过短或过长的处置方法、预制构件灌浆套筒通孔复查等，与预制柱较为相似，实施时可参阅本书7.6.1、7.6.2 相关内容。

1. 基层面标高、粗糙面复核校正

预制剪力墙板吊装前应复核基层面标高，凿除浮浆及过高混凝土，确保预制墙板与基层混凝土之间间隙不小于 20mm。

根据现行国家标准《装配式混凝土建筑技术标准》（GB/T 51231—2016）中第 5.7.7 条要求，预制墙板下接缝处面层应设置粗糙面。该处设置粗糙面对外墙防水及地震作用下水平接缝的抗剪都起到重要的作用，实际施工中应严格执行。粗糙面设置深度不应小于 5mm，面积百分率不应小于 80%（图 7-1）。

图 7-1 预制墙下现浇面需设置粗糙面

图 7-2　预埋钢筋偏位
采用 1：6 冷弯校正

2. 预留钢筋位置、长度及外观复核校正

预制构件安装前，应认真复核预埋钢筋位置和预留长度。预留钢筋位置及长度须符合设计及规范要求，保证钢筋能顺利插入灌浆套筒内，并满足钢筋插入套筒内长度不小于 8D。

因预埋钢筋偏位，不能顺利放入（插入）灌浆套筒内时，应根据实际偏差情况，采用凿去钢筋周边局部混凝土，按 1：6 弯折的方法进行校正，严禁气割烘弯或弯折过大（图 7-2）。如偏差较大，无法采用弯折方法校正安装时，应在设计指导下，另行种植钢筋后安装构件。

楼层面浇捣混凝土前，应采用塑料纸或塑料管对预留钢筋进行保护，防止污染。构件安装前，应清除预留钢筋表面的锈渣、混凝土残渣等杂物，避免影响钢筋与高强灌浆料间的握裹力，影响结构安全（图 7-3）。

图 7-3　预留钢筋表面混凝土残渣示意图

7.2.2　基层面清理及分仓设计

预制构件安装前，应对基层面进行清理清洁。当构件长度大于 1.5m 时，采用连通腔灌浆连接方式时，应在连接基层面进行分仓操作（图 7-4）。

图 7-4　预制剪力墙下分仓示例

7.2.3　预制剪力墙吊装

预制剪力墙采用套筒灌浆连接时，安装前应在剪力墙构件及下层楼板面间设置垫片，并通过增减垫片数量调整预制构件的底部标高，通过在构件底部四角加塞垫片的方式调整构件安装的垂直度。

预制剪力墙由于两侧有双排伸出钢筋（图7-5），为避免伸出钢筋与填充墙上部梁伸出的钢筋相碰，预制剪力墙如与预制填充墙相邻，一般应先吊装预制剪力墙板，后吊预制填充墙板。

预制墙板安装就位过程中，可通过在基层面安放小镜子观察板底套筒孔位指导墙板挪动（图7-6），方便预留钢筋顺利对准套筒孔位。

图7-5　剪力墙吊装示意图

图7-6　底部放设小镜子便于观察预埋钢筋插入套筒孔道

墙板吊装就位后，应及时安装斜支撑。预制墙板施工应选用耐用、可周转及维护与拆卸方便的调节杆、限位器等临时固定和校正工具。

斜支撑不应少于两道，每道支撑均应安装上部和下部斜撑杆，保证斜支撑与构件可靠连接。斜支撑等限位装置应在连接部位混凝土或灌浆料强度达到设计要求后拆除。

预制剪力墙板斜撑杆都固定稳定后，吊车方可脱钩。吊车脱钩并完成两道下部斜支撑安装后，通过调节斜撑杆进行剪力墙板位置、垂直度的校正与微调。

如工期有要求，应优化施工组织和流程，组织剪力墙吊装与校正两组作业人员流水搭接施工，加快施工进度，提高安装效率。

7.2.4　预制剪力墙的调整

预制剪力墙安装就位时，通过调整下部斜支撑，转动中间固定杆调整下部斜支撑长度，配合使用撬棒等工具使墙板边线、端线与基层弹线重合，平面位置基本正确。

安装好上下斜支撑后，应先锁定钩头处外侧锁定螺母，内侧锁定螺母不能锁定，以防调节撑杆长度时，钩头扭转损坏（图7-7、图7-8）。

预制墙板安装就位后，应采用靠尺和塞尺检查剪力墙板垂直度和相邻两板表面高低差等。

图 7-7　先锁定外侧螺母

图 7-8　未锁定钩头易扭转

在不锁定下部斜支撑内侧螺母的情况下调节斜撑杆，进行墙面垂直度调整。通过垂直度靠尺或线锤观测墙面垂直度，调整撑杆直至墙板大面垂直，垂直度偏差应控制在 5mm 以内（图 7-9、图 7-10）。

图 7-9　调整上部斜支撑长度

图 7-10　靠尺控制墙面垂直度

墙面垂直度调整完毕，还需对预制墙板两侧边及预埋门窗洞口侧边垂直度进行调整。若偏差过大，则通过调整垫片高度等形式来调整侧边垂直度（图 7-11）。

预制墙板垂直度调整可能会引起平面位置发生偏离，应在墙板垂直度调整完成后再次调整下部斜支撑，如此反复调整直至平面位置及垂直度都满足要求后方可锁定撑杆，并应用榔头敲紧，防止松动跑位。

为确保斜支撑稳定性，撑杆调节丝杆不能过分外露，须确保约 1/5 丝杆长度在套管内（图 7-12）。

墙板安装就位后，后续钢筋绑扎、模板排架支设、混凝土浇捣、灌浆施工等，会使斜支撑杆的锁定螺母发生一定的松动，导致校正好的墙板再次偏移，混凝土浇捣硬化后很难再调整。因此，在混凝土浇捣前必须再次对锁定螺母进行复拧敲紧（图 7-13、图 7-14），保证预制剪力墙板平面位置及垂直度都满足要求。

7.2.5　相邻预制墙板偏差及板缝控制

预制墙板安装完成后应及时进行校正，减少墙板安装偏差，控制板缝。墙板调整校核应符合下列要求：

图 7-11　墙板侧边及窗洞边垂直度靠尺线锤控制

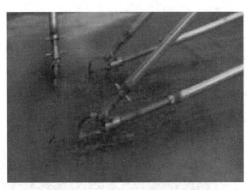

图 7-12　斜撑杆外露丝头过长

图 7-13　斜撑下端螺母未锁定

图 7-14　斜撑上端螺母未锁定

（1）预制墙板安装平整度应以满足外墙面平整为主。

墙板安装过程中，应采用靠尺和塞尺检查竖向构件垂直度和水平构件相邻两板表面高低差，相邻外墙板免抹灰时允许偏差不应大于5mm（图 7-15）。

（2）预制墙板拼缝校核与调整应以竖向缝为主，横缝为辅。

缝宽允许偏差为±5mm，调整时同时注意相邻板前后左右的错位控制。预制外墙板需打

图 7-15　相邻板拼缝不齐

胶时，应特别注意竖向缝垂直度控制。可在建筑结构到顶后，用经纬仪进行复测后统一修整拼缝，确保胶缝顺直（图 7-16、图 7-17）。

（3）预制墙板阳角位置相邻板的平整度校核与调整时，应以阳角垂直度为基准，确保阳角垂直度可较好地控制外立面。阳角处预制墙板安装时上下阳角应对齐，可通过上部挂大线锤或经纬仪进行阳角垂直度控制。

7.2.6　沉降缝及伸缩缝处预制墙板安装

建筑沉降缝及伸缩缝处，由于操作空间过小，无法在两侧预制墙板吊装完成后再进行拼缝封堵，应在一侧墙板吊装完成后另外一侧墙板吊装前，在外侧封堵位置处用坐浆料进

行外侧封堵（图 7-18、图 7-19）。

图 7-16　某清水墙项目板缝效果

图 7-17　经纬仪控制竖缝垂直度

图 7-18　构件外侧嵌缝

图 7-19　后吊构件坐浆封堵

7.3　预制 PCF/PCTF 墙板安装

7.3.1　预制 PCF/PCTF 墙板施工

装配式建筑外墙为清水墙或免抹灰时，需在现浇混凝土外加设预制混凝土薄墙板，使建筑外立面全部表现为预制混凝土墙板，该薄板简称为 PCF 墙板。PCF 墙板一般由预制外墙板向两侧延伸挑出。夹心保温 PCF 外墙板，由于中间有保温板简称为 PCTF 墙板。

PCF 墙板与 PCTF 墙板安装基本相同。现以 PCF 墙板安装为例进行阐述。

相邻的 PCF 墙板，在安装连接处通过板板连接件连接固定。为防止现浇混凝土浇捣时漏浆，相邻 PCF 墙板拼缝处需粘贴自粘性胶皮（图 7-20）。

PCF 墙板吊装校正后，应先进行胶皮粘贴，再进行板板连接件的固定，最后进行内侧现浇混凝土的钢筋绑扎。

自粘性胶皮应在 PCF 墙板基础面干燥条件下进行粘贴，保证粘结牢靠，以起到现浇混凝土浇捣时防止漏浆的作用。

夹心保温墙板采用套筒灌浆连接时，须在安装前对外侧接缝进行封堵。采用封堵料封堵时，封堵位置应在内叶墙板范围。

图 7-20　PCF 墙板自粘胶皮粘贴

浇捣内侧钢筋混凝土时，PCF 墙板受振捣振动及侧压力的影响，易发生位移和开裂，板板连接件开口侧也容易发生位移导致板缝开裂，故板板连接件与安装螺母及垫圈应采用电焊固定。夹心保温墙板电焊施工时，须做好防火措施（图 7-21）。

安装整块 PCF 墙板时，PCF 墙板可视为内侧现浇墙板的模板。考虑斜支撑的安装与拆除要求，PCF 墙板上需留有外凸的斜支撑连接件，墙板安装时斜支撑与该凸出连接件相连，待混凝土浇捣完成拆除斜支撑时，并割除连接件凸出墙面部分（图 7-22）。

图 7-21　板板连接件电焊固定

图 7-22　PCF 墙板斜支撑安装

7.3.2　夹心保温板内外叶板连接件及施工

夹心保温墙板内叶板、保温板和外叶板通过连接件进行有效连接。常见连接件主要有纤维增强塑料（FRP）连接件和不锈钢连接件两类。当有可靠设计依据时，也可按施工图采用其他材料连接件。

纤维增强塑料（FRP）连接件以及桁架式不锈钢连接件，在预制构件加工时完成预埋，现场施工无需进行额外工作。当采用板式不锈钢连接件时，施工现场须按要求穿入锚固短钢筋。

夹心保温墙板常用不锈钢连接件连接内叶板与外叶板，竖向放置的不锈钢扁平锚承受面板层自重产生的竖向荷载，水平放置的不锈钢扁平锚承受由于在起重时位移倾斜以及面板平面内的风力产生的水平荷载。扁平锚放置时，椭圆孔内不需穿钢筋，内侧双排孔内需穿锚固钢筋，锚固钢筋需与内外叶板内的墙板钢筋网片绑扎牢固，外叶板内的锚固钢筋绑扎与内叶板的锚固钢筋绑扎呈镜像关系，不锈钢锚接禁止在吊装过程中弯折受损（图 7-23、图 7-24）。

图 7-23　外叶板扁平锚钢筋绑扎

图 7-24　内叶板扁平锚钢筋绑扎

不锈钢发卡销主要承受水平风荷载和因热膨胀所导致的扭转力（图 7-25）。发卡销封闭端通常锚固在内叶板内，待 PCF 外叶板安装后，内叶板钢筋绑扎时墙板钢筋应穿过外露发卡封闭孔内（图 7-26）。

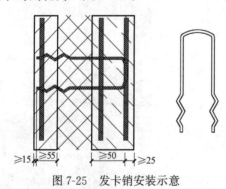
图 7-25　发卡销安装示意

图 7-26　内叶板钢筋穿发卡销封闭端

7.4　预制填充墙安装

7.4.1　填充墙密封 PE 条放置

为保证墙板外侧接缝打胶厚度符合设计要求且不小于 10mm，同时内部灌浆空腔宽度也应满足要求，PE 条定位应准确，固定应牢靠（图 7-27）。

一般可采用双面胶条把 PE 条粘结在接缝表面混凝土上。为防止混凝土表面有浮灰导致双面胶条粘不住，须事先清理混凝土表面灰尘，必要时可用水清洗灰尘，待混凝土表面干燥后再粘贴。

为保证墙板内部灌浆空腔宽度符合要求，选用的密封条宽度不宜超过 20mm（图 7-28、图 7-29）。

图 7-27　密封条向内偏移过大缺少有效定位

图 7-28　密封条下用双面胶条粘贴确保定位正确

为防止密封条吸收灌浆料水分，导致灌浆料强度不满足要求，选用的密封条材料要求不吸水。

部分预制填充墙需根据设计要求，在墙板侧边凹槽内粘贴挤塑板条以减小墙板刚度（图 7-30）。

图 7-29　预制构件端部密封条易产生渗水通路

图 7-30　填充墙侧边粘贴挤塑板

7.4.2　预制填充墙拉结螺杆安装

预制填充墙应根据设计要求，采用拉结螺杆与现浇混凝土进行有效连接。为便于侧边现浇混凝土部分的钢筋绑扎，应先绑扎钢筋再安装拉结螺杆。

拉结螺杆的直径、长度等应按施工图规格选用，一般丝头约 55mm 长，应用扳手全部拧入预制填充墙预埋螺孔内。如图 7-31 所示，主筋位置未做调整，导致拉结螺杆未全部拧入预埋螺孔内，且主筋机械连接偏心，不符合要求。

相邻填充墙拉结螺杆设计时应上下错位，防止螺杆相碰（图 7-32）。

现浇部位钢筋如发生偏位，导致拉结螺杆无法锚入钢筋内，需在设计指导下加设构造钢筋（图 7-33）。

图 7-31　拉结螺杆丝头未全部拧入

图 7-32　拉结螺杆上下错位

图 7-33　钢筋偏位需加构造筋

图 7-34　相邻墙板梁伸出钢筋碰撞

7.4.3　预制填充墙安装

预制填充墙上部梁伸出钢筋与暗柱钢筋相碰，可采用 1：6 在墙内部弯折后伸出，确保梁钢筋在柱钢筋内侧并不发生碰撞。

相邻墙板的梁伸出钢筋有弯折避让时，应先吊装梁底钢筋在下侧的墙板，后吊装下侧伸出钢筋向上弯折避让的预制墙。

相邻预制填充墙为避免上部梁伸出钢筋相碰，应先吊装伸出钢筋下弯锚的填充墙，后吊装伸出钢筋上弯锚的墙板。若吊装顺序相反，伸出钢筋将发生碰撞缠绕（图 7-34）。

7.4.4　预制凸窗安装

预制凸窗与预制墙板安装基本相同。

预制凸窗底部未设置水平撑杆时，应根据深化设计要求，在底部用板板连接件方式与下侧结构相连固定，或采用斜支撑临时固定。

预制凸窗内侧有矮墙时，如采用斜支撑固定，该处矮墙混凝土需后浇捣，便于构件稳定及下部斜支撑杆拆除（图 7-35）。

图 7-35　预制凸窗内侧矮墙混凝土后浇

7.5 预制隔墙条板安装

7.5.1 概述

预制隔墙条板种类较多，安装施工根据不同种类有所区别，安装前应认真熟悉隔墙条板安装指导书，了解安装流程和操作要点，并严格按其说明书连接节点要求进行安装。

目前预制隔墙条板较多采用 ALC 板。ALC 是蒸压轻质混凝土（Autoclaved Lightweight Concrete）的简称。ALC 板最早在欧洲出现，日本、欧洲等地区已有四十多年的生产、应用历史，目前该技术在国内已完全消化吸收，设备实现完全国产化。

ALC 板是以粉煤灰（或硅砂）、水泥、石灰等为主原料，经钢筋增强处理、高压蒸汽养护而成的多气孔混凝土成型板材，它具有重量轻、强度大，以及良好的防震、防火性能等特点，是一种性能优越的新型建筑材料，可用作多层和高层建筑内隔墙板、外墙板、屋面板和小跨度的楼板等（图 7-36）。

图 7-36 ALC 蒸压轻质混凝土板示例

7.5.2 ALC 板吊运与堆放

（1）堆放场地应平整，两端应设置垫木，不应直接堆放在场地上，堆放时每层高≤1m，每垛高≤2m（图 7-37）。

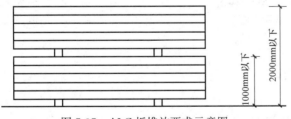

图 7-37 ALC 板堆放要求示意图

（2）板材质地疏松易损坏，宜靠近施工现场堆放，以减少转运；运输时应按堆放要求装车，并采取可靠捆紧措施，防止颠簸碰坏。

（3）吊运时，应采用宽度≥50mm 的尼龙吊带兜板底起吊，禁止用钢丝绳或麻绳直接兜板底起吊。

（4）露天堆放时宜采用塑料布等覆盖措施，防止污染和雨水浸湿。

7.5.3 ALC 板安装施工

（1）安装前应按设计要求做好排板图，列出板安装顺序，选用外观相同，厚薄一致的 ALC 条板进行安装，尽量减少和避免在隔墙的垂直方向嵌入板，以保证拼缝的粘结质量。

（2）安装板材时，其底部安装部分宜平整，如不平应用砂浆找平。板材安装宜从门洞边开始向两侧依次进行，洞口边与墙的阳角处应安装未经切割的完好整齐的墙板材。无洞口隔墙应从墙的一端向另一端顺序安装，施工中切割过的板材宜安装在墙体阴角部位，或靠近阴角的整块板材间。两块板材之间应靠紧，板上部用U形卡或管卡固定，就位后在板底打入木楔，底部塞入细石混凝土，板缝要粘结牢固，在墙体拼缝达到一定强度前严禁碰撞振动，以免板缝错动开裂。

（3）板材安装完毕后应对裂缝、缺棱、掉角和板面缺损部位用修补粉进行修补处理。板缝或有裂纹的板面、板材与梁柱交接处以及板的阳角处等位置，应在装修时粘贴耐碱玻纤网格布进行加强处理。待板有一定的强度后，才可以在板上开槽，开槽时应在板的纵向切槽，深度不大于1/3板厚。当必须沿板的横向切槽时，外墙板槽长不大于1/2板宽，槽深度不大于20mm，槽宽不大于30mm，内墙板深度不大于1/3板厚。水电切槽安装后要用聚合物砂浆与板塞实抹平，并用玻纤网加强（图7-38、图7-39）。

（4）门口两侧尽可能安装整块板，门口上部采用横装板。过梁板应先在门洞两侧条板上锯切出不小于100mm的搭肩口，然后量出过梁板的实际尺寸，其宽度应比实际窄10mm。板安装好后，平整度、垂直度应控制在3mm以内，板与混凝土柱、墙、梁连接部位用砂浆塞实。

图 7-38　预制条板缝槽口

图 7-39　ALC内隔墙板安装

7.6　预制柱安装

7.6.1　基层面及预埋钢筋要求

预制柱吊装前，根据楼层控制轴线弹好柱底双向轴线及柱边线，并对基层面及预埋钢筋位置进行复查。相关内容与预制剪力墙相似，如对基层面标高复核要求、基层清洁及粗糙面要求、预埋钢筋预留位置偏差、预留长度和外观要求等。

转换层预埋钢筋位置及标高的预埋施工质量将直接关系到预制构件是否能够成功安装，以及安装的质量和钢筋套筒灌浆连接的质量是否达标，因此施工前需编制预埋钢筋专项方案。

预埋钢筋的允许偏差应与预制构件钢筋埋设要求相同，不应大于3mm；预埋钢套筒的允许偏差为2mm，所以转换层预留钢筋不应大于5mm，否则预制竖向构件就无法顺利装上。与传统施工相比，对现场作业人员的技能水平提出了更高的要求。

由于预制柱钢筋直径比较大，预埋钢筋发生较大偏位导致无法插入预制柱灌浆套筒内时，不能参照预制剪力墙按1∶6弯折的方法进行校正，另行种植钢筋难度也较大，所以预制柱的预留钢筋平面位置控制要求更高。

目前较多地采用专用定位钢套板辅助预留钢筋定位。钢套板制作厚度需满足刚度要求，且要确保开孔精度满足要求，开孔直径应比预埋钢筋略粗，确保套板能从预埋钢筋中拔出重复使用。钢套板安装位置正确并应固定牢靠，套板上预埋钢筋外露部分应在混凝土浇捣前做好防污染措施。

框架结构转换层一般在二层，二层柱预留钢筋从一层现浇柱直接伸上来时，柱主筋配筋时应考虑预留钢筋的留置长度。

图 7-40　预制柱底弹线清扫
预留钢筋切平

预制柱安装前，还应用钢套板核查校正预埋钢筋位置、数量、规格及伸出长度，对不符合要求的钢筋应进行校正调整。钢筋过短可采用剖口焊接长，过长钢筋统一用切割机切平至设计标高（图 7-40）。

7.6.2　预制柱构件吊装前复查

预制柱安装前，应对预制柱外伸钢筋长度及位置进行复查（图 7-41），确保柱子钢筋插入套筒的长度满足 $8D$（D 为钢筋直径）的要求。

复核预制柱钢套筒位置，并对套筒进灌浆孔、出浆孔、灌浆套筒孔道进行通孔检查，确保后续灌浆顺利进行。

图 7-41　预制柱灌浆套筒通孔检查

7.6.3　预制柱吊装就位

预制柱应有统一的、明确的安装方向标志，并严格按标志指导安装就位，保证预制柱安装方向正确，如图 7-42 所示。

预制柱吊装前，需弹出柱中心线及 1m 标高线，安装楼面需弹出柱安装轴线、柱中心线及柱边线，并弹出 1m 标高线。柱就位时，柱中心线应对准轴线，并应复核柱边线是否与四周柱边线吻合。预制柱落位后，可用撬杆辅助预制柱进行平面位置校正，并用水准仪复核 1m 标高线，出现偏差应调整垫片高度进行调节。

图 7-42　预制柱上定位控制线

预制柱安装就位后，应在垂直的两个方向设置可调节临时支撑。预制柱高度较大时，采用中间调节式撑杆容易使柱子产生晃动，应采用两端调节式撑杆（图 7-43）。用线锤或靠尺检查预制柱垂直度，通过调节临时支撑对预制柱的平面位置和垂直度进行微调，待柱子平面位置及垂直度调整完成并符合要求后，应锁定敲紧斜撑杆上各锁定螺母（图 7-44）。

预制柱安装轴线允许偏差为 5mm，标高允许偏差为±5mm。

图 7-43　预制柱不宜使用中间调节式斜撑

图 7-44　预制柱两端调节撑杆安装

预制柱吊装后，采用先灌浆施工时，临时支撑须在套筒灌浆料强度达到 35MPa 后拆除；排架搭设施工应在预制柱套筒灌浆完成，并达到设计强度要求后进行，便于灌浆施工操作，同时防止预制柱连接部位被扰动。

7.7　预制梁安装

预制梁应按装配式建筑 PC 深化设计的吊装顺序图施工。如 PC 深化设计缺少预制梁吊装顺序图，吊装作业前应先进行吊装顺序策划，细化到每根梁的吊装顺序，必要时应取得设计确认，避免无法吊装造成不必要的返工。

当采用汽车或履带吊吊装时，吊装顺序还需考虑先吊装梁对吊车臂杆碰臂的影响（图 7-45）。

预制梁包括预制叠合梁和全预制梁，两者安装工艺和要求基本相同。以下以全预制梁为例进行相关内容阐述。

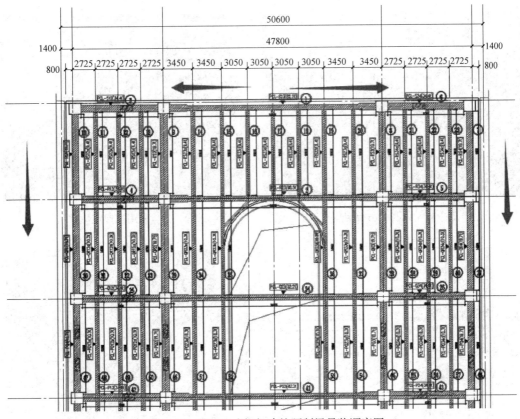

图 7-45　某装配式框架建筑预制梁吊装顺序图

7.7.1　吊装安全要求

预制梁吊装操作范围内应有便于施工作业人员操作的平台及安全护栏（图 7-46）。作业人员高空操作应按要求佩戴好保险带。预制梁采用临时支撑搁置时，临时支撑应经设计和验算后实施。

7.7.2　测量定位

预制梁吊装可直接采用挂线锤与楼板轴线定位，也可用经纬仪直接测设控制点进行

图 7-46　预制梁吊装

定位。一般情况下，预制梁搁置长度为 15～20mm，可有效防止连接节点部位现浇混凝土漏浆（图 7-47）。

为防止预制梁调整就位后再次发生偏位，可用固定扣件扣在钢管上辅助预制梁定位和限位（图 7-48）。

7.7.3　预制梁吊装

（1）同一节点区应先吊装梁高高的主梁，再吊装梁高较小的次梁（图 7-49）。

125

图 7-47　预制梁吊装定位

图 7-48　采用扣件定位预制梁

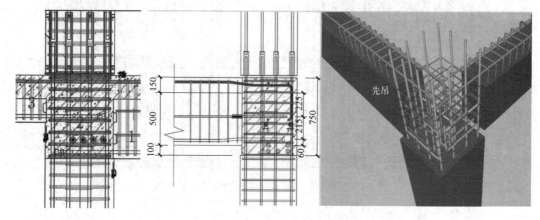

图 7-49　先吊装主梁后吊装次梁

（2）同一节点区有降板梁或梁底标高有差异，因降板梁主筋在节点区下部，应先吊装降板梁或底标高最低的预制梁（图 7-50）。

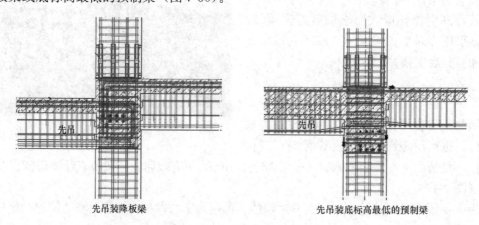

图 7-50　节点区降板梁吊装

（3）同一节点区相同高度的梁、同一高度同排钢筋时，应先吊装伸出钢筋无弯起的梁，后吊装同排钢筋有 1∶6 弯起的预制梁（图 7-51）。

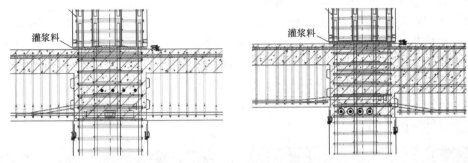

图 7-51 先吊直线钢筋梁后吊弯起筋梁

（4）同一节点区相同高度的梁，一侧预制梁为单排底钢筋，另一侧预制梁为双排底钢筋时，为便于梁钢筋套筒连接及锚固，应先吊装单排底钢筋梁，后吊装双排底钢筋梁（图7-52）。

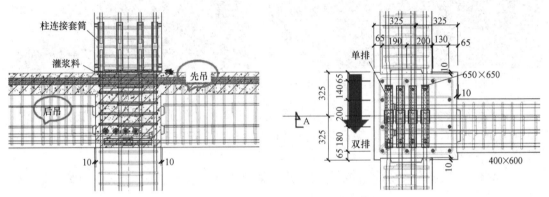

图 7-52 先单排底钢筋梁后吊双排钢筋梁

7.7.4 预制梁主筋套筒灌浆连接

预制梁吊装固定后，需检查钢筋位置、两侧伸出的待连接钢筋是否对正，水平偏差不应大于5mm。如不符合要求应该及时调整。连接钢筋的外表面应有明显的插入灌浆套筒最小锚固长度的标识，应保证标注位置准确、颜色清晰。

复核无误后依次将橡胶塞和全灌浆套筒插入一侧预制梁的连接钢筋上，并将橡胶塞插入另一侧预制梁的连接钢筋上（图7-53）。

水平钢筋相连接时，新连接钢筋的端部应设有保证连接钢筋同轴、稳固的装置。

为便于预制梁安装，梁主筋连接也常用分体式灌浆套筒。如预制梁采用分体式灌浆套筒，应在两侧预制梁端部各套半个分体套筒，待钢筋对准后用中间

图 7-53 梁用整体式套筒安装示例

的活结套管通过丝扣连接两边的半个套筒。

梁对接时，对接钢筋应位置正确，套筒应事先套入预留钢筋，两节套筒对准后拧紧，外套筒丝牙应从一端往另一端全部拧入，整根套筒应位于对接钢筋中段居中，梁套筒拧紧开口向上并定位准确保证钢筋锚固，梁套筒净距应大于等于25mm（图7-54）。

全灌浆套筒应将套筒移动至钢筋标记位置的钢筋中间。分体式套筒应拧紧丝套，把左右两侧套筒连接起来，用专用扭力扳手拧紧，并确保丝扣全部拧入后，再把套筒移动至钢筋标注线之间（图7-55）。

图 7-54 预制梁分体式套筒安装　　　　图 7-55 分体式套筒安装完成示例

灌浆套筒安装就位后，灌浆孔、出浆孔应在套筒水平轴正上方±45°的锥体范围内。单排钢筋连接时，灌浆孔、出浆孔口应垂直向上，孔口需安装超过灌浆套筒外表面最高位置的连接管或连接头。

全灌浆套筒两端应采用橡胶塞封堵，并按紧到全灌浆套筒的两个套筒口，保证套筒口完全封闭。

分体式套筒伸入钢筋的长度必须保证在 $8D$ 以上，图7-56所示套筒明显有偏位，左侧伸出钢筋不能保证伸入套筒内的长度，不符合要求。

图 7-56 分体式套筒偏位

7.8 预制叠合楼板安装

叠合板分为带有现浇带叠合板（图7-57）及密拼叠合板（图7-58）两种。有现浇带的叠合板侧边有现浇混凝土，板拼缝不易开裂，常用于对防裂要求较高的住宅楼。

密拼板侧边无现浇带，相邻板直接拼接，常用于建筑的单向楼板等。

图 7-57　有现浇带叠合板　　　　　　　　　图 7-58　密拼叠合板

预制叠合板安装前，须进行临时支撑搭设。临时支撑根据施工方案可采用独立支撑体系，也可采用传统满堂支撑体系。临时支撑立杆间距、临时支撑与墙、柱、梁边的净距应经计算确定。竖向连续支撑层数不应少于两层，且上下层支撑宜对准。

叠合板底部一般不再进行粉刷，应严格控制临时支撑顶标高，相邻板底偏差不应大于 3mm。

叠合板吊装前首先要复核叠合板搁置点处墙或梁的标高。为防止叠合板现浇混凝土漏浆，叠合板一般搁进墙或梁内约 100mm，安装前尚应在搁置点、叠合板现浇带模板等部位粘贴双面胶条进行密封（图 7-59）。

叠合板搁置点处密封　　　　　　　　　　现浇带模板处密封

图 7-59　叠合板搁置点及现浇带模板密封

有现浇带的叠合板需在吊装前弹出现浇带位置板的边线。密拼板应控制第一块板的安装位置，防止累计偏差，导致最后一块板无法安装。

叠合板吊装应严格按照板的编号及图纸要求正确吊装。每块叠合板侧边应清楚标注板的编号，防止相同尺寸的叠合板互换位置引起管线及预埋错误（图 7-60）。

叠合板吊装还须注意安装方向。每块叠合板应根据图纸设置方向箭头，吊装时应统一按方向箭头安装，防止因安装方向错误引起管线及预埋错误（图 7-61）。

图 7-60　叠合板需侧边编号

图 7-61　叠合板安装方向箭头

叠合楼板的吊点应根据设计计算确定。若设计要求叠合板用桁架钢筋吊装的，应采用附加钢筋进行加固，在叠合板上应作出清晰的吊点标记，并严格按吊点标记进行吊装。吊装时，应用小挂钩挂在桁架钢筋三角孔内（图 7-62、图 7-63）。严禁用未经加固的桁架钢筋进行吊装。

图 7-62　挂钩挂于指定三角孔内

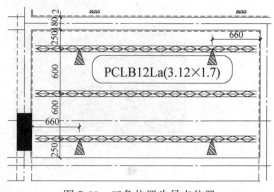

图 7-63　三角位置为吊点位置

一般情况下，叠合板应采用四点吊。为避免叠合板在吊装过程中因过大的扰动而发生开裂，跨度较大的叠合板需采用六点吊装，或钢附框吊装。钢附框的应用可减少吊装吊索产生的水平剪力（图 7-64、图 7-65）。

为防止叠合板伸出钢筋与梁上排主筋相碰导致叠合板无法安装，应先进行叠合板吊装，待叠合板吊装完成后再从侧边穿入梁上排主筋，再进行绑扎。或搁置点处梁上排主筋应先穿入暂不绑扎，待叠合板吊装完成后再从侧边穿入绑扎（图7-66）。

图7-64　叠合板四点吊装

图7-65　叠合板六点吊装

叠合楼板吊运安装部位后，楼板应垂直向下安装，安装人员手扶叠合楼板协助调整方向和就位，放下时应停稳慢放，以免冲击力过大造成板面振裂或折断。

叠合板吊装就位后，应再次检查搁置点部位的缝隙。缝隙过大处，应在现浇混凝土之前采用专用封堵料进行封堵，防止漏浆（图7-67）。叠合板搁置点处形成的现浇混凝土漏浆极易形成外墙渗漏，应给予足够重视（图7-68、图7-69）。

图7-66　叠合板与预制梁上皮纵筋

图7-67　预制梁与叠合板件间隙封堵

图7-68　叠合板与预制外墙间渗漏

图7-69　叠合板底漏浆

7.9 预制阳台、空调板安装

预制阳台分为梁式阳台与板式阳台。梁式阳台通过阳台上悬挑梁伸出钢筋与主体墙体或梁连接；板式阳台通过阳台板上部伸出锚固钢筋与主体墙板连接。

预制阳台、空调板属于悬挑构件，安装时底部需要搭设安全稳固的临时支撑。临时支撑立杆间距应经计算确定，竖向连续支撑层数不应少于两层，且上下层支撑应对准。待连接部位现浇混凝土强度达到100％后方可拆除。

支撑架体顶端标高调整至设计要求后，方可进行预制阳台、空调板吊装。

预制阳台吊装前，应先吊装内侧叠合楼板，避免阳台板伸出钢筋与叠合板相碰，内侧梁钢筋在阳台安装后绑扎（图7-70）。

预制空调板应在内侧叠合板安装后再进行安装。安装时，墙上部圈梁钢筋可以穿入但不能绑扎，防止空调板伸出钢筋与梁上排钢筋相碰。预留锚固钢筋应伸入现浇结构，并与现浇结构连成整体，图7-71所示为预留锚固钢筋未锚入梁内，需做调整。

图7-70 预制梁式阳台吊装

图7-71 预制空调板锚固钢筋未锚入梁内

图7-72 空调板与预制墙板间隙产生漏浆

构件安装后，应采取措施防止阳台、空调板在浇筑混凝土时发生水平移位，如可将外露钢筋与主体结构焊接牢固。

预制阳台、空调板与墙板交接的四周槽口应进行封堵，防止混凝土施工产生漏浆和引起外墙渗漏。图7-72所示为采用发泡剂封堵，且不密实产生漏浆。

7.10 预制楼梯安装

预制楼梯分为预制梁式楼梯与预制板式楼梯。装配式混凝土建筑中使用比较多的是板式楼梯。

预制楼梯一般为简支结构，上部为固定铰支座，预埋螺杆与预制楼梯预留孔间隙可用灌浆料灌实（图7-73）。下部为滑动支座，板下有油毡等滑动层，预埋丝杆与预留孔间应留有空腔，下端可滑动，预制楼梯与现浇平台间采用弹性材料填充（图7-74）。

预制简支楼梯按规范需做抗弯性能检测。

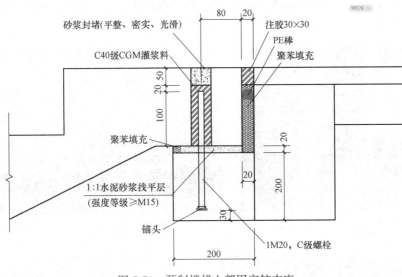

图 7-73　预制楼梯上部固定铰支座

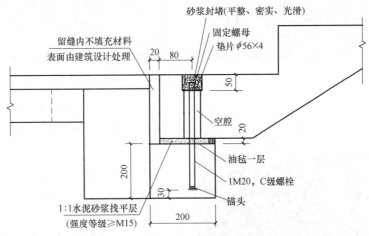

图 7-74　预制楼梯下部滑动铰支座

楼梯预埋丝杆需按图纸加工丝牙，设置锚固端，并保证预埋平面位置及标高准确。预埋丝杆应安装牢固，端部丝牙应有防污染保护措施。

楼梯吊装前应弹设预制楼梯平面位置边线，预制楼梯踏面一般为完成面，应按建筑标高控制，同时应特别注意标高垫块的正确垫设（图 7-75、图 7-76）。

预制楼梯安装时，应用长短绳索吊装，保证楼梯的起吊角度与就位后的角度一致。当采用两个手动葫芦代替下侧的两根钢丝绳时，吊索挂住楼梯上部吊

图 7-75　楼梯定位控制边线

点后略起升前部吊点，楼梯下侧再安装手动葫芦，通过调节手动葫芦来控制楼梯的正确安装角度（图 7-77～图 7-79）。

图 7-76　楼梯间无定位发生错位

图 7-77　楼梯起吊步骤 1

图 7-78　楼梯起吊步骤 2

图 7-79　楼梯起吊步骤 3

图 7-80　端部固结预制楼梯支撑架

当预制楼梯端部采用伸出钢筋与现浇梁连接时，预制楼梯底部应搭设稳定支撑架，支撑立杆通过顶托与预制楼梯底部预埋的螺孔相连，顶托应专门设计，顶部斜角与楼梯倾斜角度保持一致（图 7-80、图 7-81）。

预制楼梯安装完成后，踏步口应采用铺设木板或其他覆盖形式进行成品保护，防止预制楼梯缺棱掉角（图 7-82）。

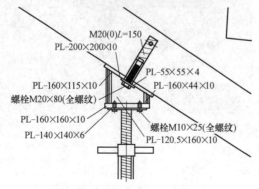

图 7-81　预制楼梯顶托设计图例

图 7-82　楼梯成品保护

7.11　预应力混凝土双 T 板安装

7.11.1　预应力混凝土双 T 板安装流程

预应力混凝土双 T 板安装流程如图 7-83 所示。

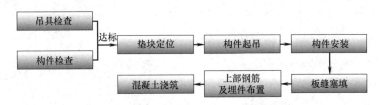

图 7-83　预应力混凝土双 T 板安装流程图

7.11.2　预应力混凝土双 T 板临时支撑

预应力混凝土双 T 板一般配合混凝土倒 T 梁或挑耳梁使用，预应力混凝土双 T 板由于预应力特性，放置时两端简支，不适用多点支撑，双 T 板板端直接放置在倒 T 梁、挑耳梁或临时支撑上，双 T 板跨中不搭设临时支撑，如图 7-84、图 7-85 所示。

梁模板支撑设计计算时，应注意荷载取值，将放置在预制梁上的双 T 板荷载整跨换算计入。

图 7-84　预应力混凝土双 T 板端部放置在排架上　　图 7-85　预应力混凝土双 T 板端部放置在预制梁上

7.11.3　预应力混凝土双 T 板安装

预应力混凝土双 T 板由于跨度较大，单块构件自重较大，吊点一般采用预埋吊环方式。吊索一般选用钢丝绳。吊钩或卸扣直接连接吊索与预埋吊环，如图 7-86、图 7-87 所示。

预应力混凝土双 T 板搁置在梁上时，通过在预制梁设置橡胶垫块控制预应力双 T 板安装精度，并保护预制梁。双 T 板吊装至操作面 1m 左右时，操作人员靠近手扶协助就位，将双 T 板肋梁对准预先设置的橡胶垫块，缓缓放下，如图 7-88、图 7-89 所示。

双 T 板安装完成后，板间拼缝采用砂浆填缝密封，防止后续叠合混凝土浇筑时漏浆；密封完成，在板间预埋金属板位置，焊接板板连接件，进一步固定相邻双 T 板，增强楼面整体性，如图 7-90 所示。

图 7-86 预应力混凝土双 T 板预埋吊环

图 7-87 预应力混凝土双 T 板吊装

图 7-88 预应力混凝土双 T 板板端搁置橡胶垫块

图 7-89 双 T 板扶正就位

图 7-90 双 T 板板间预埋金属板

7.12 预应力空心板安装

7.12.1 预应力空心板安装流程

预应力空心板安装流程如图 7-91 所示。

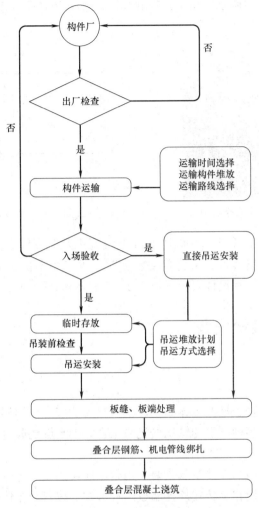

图 7-91　预应力空心板安装流程图

7.12.2　预应力空心板施工安装

预应力空心楼板由于种类较多，应根据各自特性和需要，进行临时支撑设计、计算和搭设。临时支撑搭设完毕并经验收合格后，方可进行现场吊运安装。预应力空心板主要采用绑带吊装，如图 7-92 所示。

吊装时应注意，吊点距离板端约 300mm，吊索与预应力空心板夹角不得小于 50°，否则会造成吊索向内滑落、预应力空心板坠落。

每次吊装前应检查吊索具情况，特别是使用绑带吊装时，由于绑带磨损较钢丝绳严重，发现断裂时应及时更换。

预应力空心板就位时，为便于拆卸吊具，位置略微靠外侧，待拆除吊索具后，使用撬棍微调。微调时，应采用角钢或橡胶板对预应力空心板撬动部位进行保护，防止预应力空心板破损。

采用叠合层的预应力空心板，安装后应对构件起拱值进行调整，发现起拱不一致的，应采取措施调整。可采用调整螺栓、夹板和套管定位方法（图 7-93），也可以采用短木方钢筋拧紧的方法。

图 7-92　绑带吊装预应力空心板

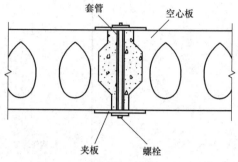

图 7-93　螺栓调整起拱值示意图

就位调整后应采用不低于 C30 微膨胀细石混凝土及时灌缝。灌缝前应对预应力空心板进行湿润，保证板间整体性。板缝宽度较大时，可采用不低于 C30 混凝土进行整体浇筑，待板缝混凝土强度达到设计要求或不小于 $10N/mm^2$ 后，再进行后续工序施工。

7.13　预制外挂墙板安装

7.13.1　挂板概述

一般外挂墙板均附着于框架主体结构，必须具备适应主体结构变形的能力。外挂墙板适应变形的能力可通过多种可靠的结构措施来保证，如足够的胶缝宽度、构件之间的活动连接等。

外挂墙板与主体结构的连接节点主要采用柔性连接的点支撑方式。点支撑的外挂墙板可区分为平移式外挂墙板和旋转式外挂墙板两种形式。按其与主体结构的连接节点又可分为承重节点与非承重节点两类，如图 7-94 所示。

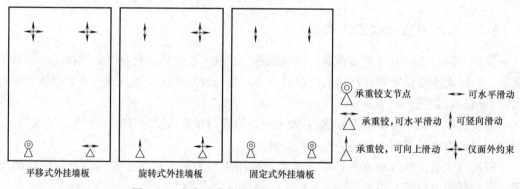

图 7-94　点支承式外挂墙板及其连接节点形式示意

一般情况下，外挂墙板与主体结构的连接宜设置 4 个连接点，当下部两个点为支撑点时，上部两个点宜为非支撑点。

图 7-95 所示为旋转挂板采用下支撑的形式，下支撑采用一根圆棒插入楼层上烧焊固

定的槽钢圆孔内，该点可以上下移动，配合上节点可实现旋转，上支撑点连接角钢上有腰性槽，节点也可上下移动（图7-96）。

图 7-95　旋转式挂板下支撑节点

图 7-96　旋转挂板上节点

该节点主要承受风荷载、面外荷载等，通过上下方向的槽口可上下移动实现挂板的旋转。

采用下支撑节点的挂板吊装时如无斜撑固定，必须等到上部连接节点烧焊固定后方可脱钩，施工组织时，应充分考虑其施工时间。

同理，当上部两个为承重节点时，下部两个宜为非承重节点。

7.13.2　预制外挂墙板施工前的准备工作

1. 堆放要求

堆放用混凝土块必须上下在同一垂线上，防止板块受剪切折断。外挂墙板采用水平堆放方式，每叠堆放不超过六层。外挂板堆放时，需预留出打橡胶条的空间。

2. 施工前的测量放线

一般外挂板墙安装在框架结构的外侧框架梁上。框架梁与外墙挂板间留有施工偏差间隙，外侧框架梁轴线偏差过大或外侧发生胀模，可能导致施工时外挂墙板与梁相碰无法安装。

外挂墙板安装前，应对主体结构、预埋件进行复测，施工前还需复核所挂框架外侧的总长度，及外挂框架外侧阴阳边角角度是否符合要求。复核后发现不符合要求时，需对外框架结构进行修整，如凿除外侧梁外偏部分混凝土等，达到相关规范要求后方可安装外挂墙板（图7-97）。

3. 外挂板底部定位槽钢焊接

根据定位边线及中线，确定外挂板底部槽钢位置，并应按要求将定位槽钢与底部预埋件进行电焊连接，焊缝高度须满足设计要求，如图7-98所示。

图 7-97　楼层混凝土修整及测量放线

4. 外挂板侧边密封橡胶条粘贴

外挂板橡胶条起到密封及防水的作用。挂板安装前，需提前一天用耐候胶条粘贴。粘贴时需将预制挂板底面混凝土清理干净，并用透明胶带临时固定橡胶条，待第二天耐候胶干结后撕去透明胶带方可吊装，如图 7-99 所示。

图 7-98 底部定位槽钢焊接固定

图 7-99 外挂板粘贴橡胶条

橡胶条根据放设位置不同，可分为大号橡胶条与小号橡胶条，大、小号橡胶条不得混用。

7.13.3 外挂墙板吊装

1. 外挂墙板起吊要求

由于外挂墙板尺寸较大，一般采用水平运输、水平堆放。起吊时涉及翻板的过程，翻板时预制外挂墙板与底面应衬软性垫，如 EVA 橡胶板等措施，防止翻板过程造成构件边角破损。

挂板起吊通常用吊装葫芦进行，便于挂板翻板、调整水平位置。吊装葫芦与挂板吊点间加设一段短钢丝绳（图 7-100），可有效防止吊装葫芦挂钩在翻板时折断，确保挂板起吊安全。

图 7-100 起吊时采用软性垫及葫芦下短钢丝绳

2. 外挂板安装工艺流程

外挂板安装工艺流程如图 7-101 所示。

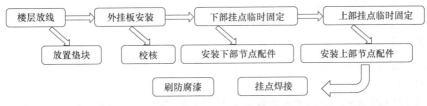

图 7-101　外挂墙板安装工艺流程

3. 外挂墙板吊装顺序

由于外挂墙板拼缝较小，而且拼缝内有橡胶条，若在两块已吊装的挂板间再镶嵌吊装中间挂板，容易损坏橡胶条且安装调整困难。所以，外挂板一般是沿一个方向逐块吊装（图 7-102）。

需要特别注意，外墙阴阳角处两块挂板的先后顺序和安装定位控制。

4. 外挂墙板安装调节定位

外挂墙板就位后，将定位圆棒套入定位垫板，而后拧入外挂板下支撑钢板螺孔内，待挂板调节完成后再把垫板焊接在底

图 7-102　外挂板按次序吊装

部槽钢上侧。上部连接点在外挂板调整定位后，将连接钢板焊接在挂板上部梁底预埋件上，通过拧入固定螺母的方式定位挂板。

挂板调节过程需特别注意垂直度及相邻板偏差，偏差均不应大于 5mm。挂板拼缝应横平竖直，拼缝宽度满足设计要求，缝宽允许偏差为±5mm。外墙免抹灰时允许偏差为±3mm。挂板的高度及水平位置可通过下节点圆棒进行上下调节，挂板平面内外进出可通过手动葫芦及千斤顶进行调节（图 7-103）。

挂板水平缝及竖向垂直缝线条应顺直，竖向通缝垂直度应通过外侧加设经纬仪控制，水平缝通过墙上 1m 线用水准仪或激光仪控制（图 7-104）。

图 7-103　千斤顶调节外挂板

图 7-104　经纬仪控制外挂板安装精度

第 **8** 章

预制构件安装与其他施工作业配合

8.1 与测量定位配合

8.1.1 平面定位

竖向预制构件平面定位施工现场由专业测量组负责，定位放线前，预制构件施工组应与测量组沟通，完成相应放线要求。

楼层面引至施工层后，根据施工图弹出轴线及轴线控制线（图 8-1），根据轴线弹出平面控制线，根据两个方向的基准轴线弹出竖向构件（预制墙、预制柱）边线及控制线（与边线等距的平行线）以便平面定位控制（图 8-2），预制墙板边线、控制线，可用醒目颜色（如喷漆、记号笔）做出定位标识（图 8-3）。

各种测量定位线的标识轴线、轴线控制线、预制构件边线、预制构件中心线宜做到明显区分。

图 8-1 施工平面定位轴线

图 8-2 预制墙板控制线弹设

竖向预制构件墙、柱左右定位控制，预制构件左右侧有现浇边缘构件时，不方便弹线及后续安装控制，可以中心线控制位置，偏差向两边分摊，须首先在构件支撑面弹中心线。

竖向预制构件墙、柱进出定位控制，在现浇楼面弹出构件边线和控制线，进出控制线在斜支撑一侧，距边线 200mm 平行线，安装时靠近支撑侧边线就位，后续方便通过下部支撑调整。

水平预制构件平面定位控制，原则上采用中心线定位法进行定位控制，竖向构件安装调整完毕后，轴线引测至竖向构件顶部，并在竖向构件顶部、水平构件支座处弹出水平构件中心线、边线位置。

现场水平预制构件平面定位中，梁施工除采用上述中心线定位法之外，还

图 8-3　预制柱边线标记

可以使用铅垂线对照梁边线进行安装调整；在预制梁、墙已经安装定位的情况下，预制楼板施工也可按房间单元，沿梁从一侧向另外一侧进行安装，用控制起始位置和板间距的方法来确定安装位置。

8.1.2　标高

预制构件标高控制，现场一般由测量员引测到施工操作面，预制构件安装队伍操作。

安装前，可在竖向预制构件表面弹出构件结构 1m 线，安装时，通过水准仪确定底部标高，采用垫片、调节螺栓等调整标高，同时根据相邻预制构件 1m 线复核安装构件安装标高。

水平预制构件安装主要依靠底部临时支撑调节，采用可调托座＋满堂支架时，满堂支架一般由专业架子工搭设，搭设排架前明确相应托座标高，构件安装施工时对标高进行复核。

采用独立支撑等施工时，可在支撑施工面对标高进行调节，操作较便捷，构件安装施工前对独立支撑标高进行复核。

8.2　与现场钢筋绑扎配合

8.2.1　预制构件用现场预埋插筋

现场预埋插筋与构件厂预留在构件中的套筒、孔洞位置应相符，一般在完成本层钢筋绑扎、机电管线安装后，最后预埋此处钢筋，由钢筋工或者构件安装工负责，防止预留钢筋在混凝土浇筑中产生水平位移和竖向沉降（图 8-4、图 8-5）。

预留钢筋位置检查，程序上采用多层检查，自检、预检、验收，安装工人检查、班组检查、总包施工检查、监理检查，确保现场预埋钢筋位置正确，方便后续构件安装。

施工单位应高度重视预埋钢筋位置、长度的准确性。预埋钢筋长度预留较长、弯折，安装时割除、调整预埋钢筋，影响施工效率；预埋钢筋长度过短、位置偏差较大，导致构件无法安装，而较为有效的处理措施如重新植筋，整改成本、时间花费更大，对结构安全也有一定损伤。

图 8-4　钢筋定位钢板

图 8-5　钢筋定位木方

严禁为安装构件割除预埋钢筋、弯折预埋钢筋等严重影响结构安全的情况出现。

8.2.2　预制墙板两侧现浇边缘构件钢筋绑扎

1. 现浇边缘构件两侧都为预制填充墙

图 8-6　两侧为预制
填充墙的施工顺序

现浇边缘构件钢筋可先绑扎，填充墙完成安装后，再绑扎预制填充墙板上端梁伸出钢筋处箍筋（图 8-6），图中 1 为现浇边缘构件纵向钢筋；2 为现浇边缘构件箍筋；3 为预制填充墙，圈出部位为预制填充墙内上部暗梁伸出钢筋。当预制填充墙暗梁伸出筋在预制构件下部，则宜先吊装预制填充墙，再进行现浇边缘构件箍筋绑扎。

2. 现浇边缘构件一侧为剪力墙一侧为填充墙

预制剪力墙与预制填充墙连接处现浇边缘构件，左侧为预制填充墙，上部带抗剪钢筋，右侧为预制剪力墙（伸出箍筋为开口箍），伸出钢筋相互碰撞，影响现浇边缘构件钢筋连接。正确方法应先吊装剪力墙，后吊装填充墙（图 8-7），这样可以减少预制剪力墙水平伸出锚固箍筋与预制填充墙上部伸出抗剪（梁）钢筋的碰撞，减少钢筋弯折。注意，伸出开口箍筋不能弯折过大。

当预制填充墙暗梁伸出筋在预制构件下部，则宜先吊装预制填充墙，后吊装预制剪力墙（图 8-8）。

当预制填充墙暗梁伸出筋在预制构件上部时，现浇边缘构件下部箍筋应先在吊装前穿好，吊装两侧预制墙板后，箍筋先从侧边插入，主筋再从上部插入，最后完成绑扎。注意，转换层预留柱钢筋不要过长。

采用预制夹心保温墙板时，为防止焊接损坏保温板，现浇边缘构件主筋不能焊接。

一侧为预制剪力墙（伸出箍筋为开口箍）、另外一侧为预制填充墙，现浇边缘构件主筋连接选择电渣压力焊的施工方法，操作顺序稍微不同。如图 8-9 所示，左侧为预制填充墙（上部带梁钢筋），右侧为预制剪力墙（伸出箍筋为开口箍）。

预制构件吊装顺序与上面相同，不同之处在于现浇边缘构件钢筋连接顺序，吊装前先将预制填充墙暗梁伸出筋以下箍筋套在现浇边缘构件预留主筋上，吊装预制构件后先从现浇边缘构件上部插入主筋，与预留主筋进行电渣压力焊连接，再从下部把早已套入下部的箍筋上移到设计位置进行绑扎；最后补充绑扎预制填充前暗梁伸出钢筋高度范围内箍筋。

图 8-7　预制填充墙先于预制剪力墙吊装

图 8-8　预制剪力墙先于预制填充墙吊装

图 8-9　现浇边缘构件主筋采用电渣压力焊连接

3. 现浇边缘构件两侧均为外伸封闭箍筋预制剪力墙

对于两侧均为带有封闭箍筋预制剪力墙的现浇边缘构件，应先吊装预制剪力墙，随后箍筋从侧面插入，现浇边缘构件主筋从上部插入与预留主筋连接，然后再完成箍筋与主筋绑扎（图 8-10）。

预制剪力墙吊装先于现浇边缘构件钢筋绑扎，如果先绑扎钢筋，则导致预制剪力墙伸出钢筋无法锚入现浇边缘构件，影响构件安装（图 8-11）。先从侧边插入现浇边缘构件箍筋，主要原因在于现浇边缘构件主筋连接完成后非常不易放置箍筋。且由于剪力墙伸出封闭箍筋不易移动，导致没有电渣压力焊机械操作空间，一般选择绑扎或直螺纹套筒连接。

8.2.3　叠合楼板叠合层钢筋绑扎

当双向叠合板搁置方向为整个开间短边方向时，叠合板搁置方向为主受力方向，该方向叠合板主受力钢筋应在下侧，现浇带内通常钢筋也应放于叠合板伸出钢筋下侧（图 8-12、图 8-13）。

图 8-10　剪力墙伸出封闭箍筋钢筋绑扎方法

图 8-11　柱主筋未穿入箍筋内不正确

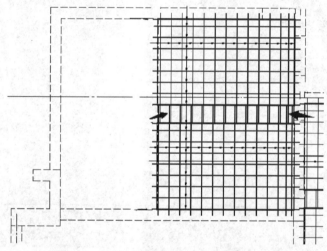

图 8-12　双向叠合板搁置方向为开间短边方向

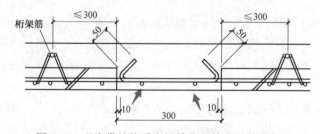

图 8-13　现浇带处柱受力钢筋位于伸出钢筋下侧

当叠合板侧边无伸出钢筋时，待叠合板安装完成后，叠合板侧边与墙或梁边交接处需加设绑扎附加钢筋（图 8-14）。

叠合楼板的最小板厚约为 6cm，通常叠合板总厚度约 13cm，现浇部分仅为 7cm，过多的管线叠加往往无法放置，所以预制叠合板制作时厚度正偏差不能过大，当管线难于穿过时可适当切割桁架钢筋（桁架钢筋通常为叠合板运输、堆放及安装施工的临时加固措施，桁架钢筋不作为结构受力钢筋考虑时方可切割，如图 8-15 所示）。

图 8-14　叠合板边附加钢筋

图 8-15　叠合板上不宜凿除混凝土穿管

构件安装一般都为垂直运输，水平钢筋绑扎要与水平预制构件相配合，水平钢筋绑扎完毕后再安装预制构件，将覆盖预制构件安装操作面，构件安装困难，进而出现为安装构件、切割锚固钢筋、随意弯折钢筋等情况。

同样，构件外伸出的钢筋也直接影响现场钢筋绑扎，水平钢筋绑扎中主要问题集中在节点钢筋交汇位置，梁板柱核心区钢筋，在梁、柱伸出钢筋的基础上还需绑扎抗扭钢筋、箍筋等。

8.2.4　梁纵向钢筋绑扎

叠合梁上部纵筋绑扎，宜在叠合板吊装完成后进行。当叠合梁上部纵筋已绑扎完毕，叠合板底部伸出的锚固钢筋将影响顺利就位。如图 8-16、图 8-17 所示，梁上部纵筋绑扎先于叠合板，现将叠合板外伸锚固筋弯折 90°，就位后使用钢管再反弯回去，会影响楼板结构安全。

图 8-16　叠合楼板外伸钢筋弯折安装

图 8-17　梁上部纵筋绑扎先于叠合板

现浇梁底部纵筋绑扎晚于叠合板吊装时，须保证现浇梁底排钢筋绑扎牢固，可通过马凳或木方提升现浇梁钢筋骨架，如图 8-18 所示，便于梁钢筋正常绑扎，绑扎好后再抽去马凳或木方把钢筋笼下落至正确位置。

叠合梁外露箍筋形式影响上部纵筋绑扎（图 8-19），上部纵筋为传统封闭箍筋时，上部纵筋仅能从梁柱节点区穿入，如有预制板锚固筋伸入梁中心线，更影响纵筋穿入。

图 8-18　现浇钢筋笼抬高后绑扎

图 8-19　封闭箍筋形式的预制叠合梁穿入上部纵向钢筋

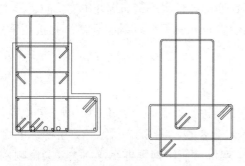
图 8-20　预制叠合梁采用组合式封闭箍筋

选择组合式封闭箍筋时（图 8-20），预制梁吊装时箍筋顶部组合部分未绑扎，预制梁上部纵向钢筋可通过开口处放置到指定位置，随后将顶部组合部分箍筋绑扎完毕，操作较为方便。

8.2.5　梁柱节点钢筋绑扎

柱节点加密箍筋应按图紧跟梁吊装依次放入，不得漏放；梁抗扭腰筋为防止吊装相碰，一般采用直螺纹套筒连接后拧方式；同节点处主梁吊装完后，次梁吊装前必须把中间的柱箍筋放入，不然无法放入，应事先协调钢筋班组做好协调工作，可在预制柱上写上箍筋编号及数量，防止在梁吊装施工时箍筋漏放。

1. 梁柱节点处箍筋绑扎

框架梁柱节点处由于受力较大通常要求进行箍筋加密，框架结构 PC 深化图中，每个梁柱节点处箍筋的位置均应绘制出（图 8-21）。

在预制梁吊装的同时钢筋工应及时跟进，在预制梁安装的间隙按要求依次穿插放置箍筋，如果等到节点处预制梁吊装完，该节点处多数箍筋将无法安放。

（1）梁柱节点处一般属箍筋加密区，箍筋不能漏放，应紧密配合梁吊装及时放置。

（2）以图 8-21 所示为例，吊主梁前应先放设第一道箍筋，可在吊装前先套入预制柱的预留筋。

（3）待主梁吊装完后应放设第二道箍筋，然后再吊装垂直方向梁。

（4）待垂直方向梁吊装完后应马上放置第三、第四道箍筋，然后才能吊装左侧矮梁。

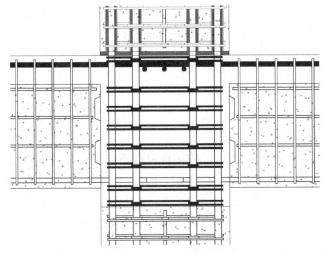

图 8-21　箍筋放设顺序示意图

（5）待矮梁吊装完毕后及时放置节点处上排钢筋下侧的箍筋。如不按顺序及时放入箍筋，待节点处所有梁吊装后有些箍筋将无法放入（图 8-22）。

图 8-22　梁交接处柱箍筋有漏放

2. 梁柱节点处抗扭钢筋放置

由于预制梁抗扭钢筋伸入梁柱核心区会影响核心区柱箍筋的放入，通常在预制梁端部抗扭钢筋不外伸，长度仅到预制梁混凝土端部，并在端部预埋直螺纹套筒，待节点处钢筋绑扎时，再依次放入箍筋，拧入抗扭钢筋（图 8-23）。

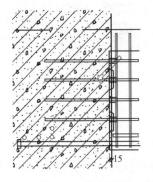

图 8-23　抗扭钢筋直螺纹连接示例（箭头处预埋套筒）

在主次梁交接处，可以采取断开主梁腰筋或抗扭钢筋，待预制次梁安装后再把断开的主梁腰筋或抗扭钢筋用短钢筋搭接焊连接（图8-24）。

3. 预制梁主筋锚固板安装

梁柱节点处钢筋较多，容易碰撞，给施工带来困难，通常用锚固板的形式来替代预制梁外伸钢筋的弯锚，降低节点处钢筋密集程度，方便核心区钢筋绑扎。

锚固板可在预制梁出厂前拧设，也可在施工现场预制梁安装后后拧，锚固板后拧较方便预制梁安装，预留钢筋与锚固板不易碰撞。

锚固板丝牙必须与钢筋丝牙相符，锚固板厚度不应小于锚固钢筋公称直径，部分锚固板承压面积不应小于锚固钢筋公称面积的4.5倍。锚固板拧入钢筋后，钢筋至少需外露两个钢筋丝牙，不能漏拧或拧设不到位（图8-25）。安装前二次拧紧锚固板（图8-26），或在出厂前拧入锚固板露出两牙后，烧焊固定锚固板位置（图8-27）。

图8-24　主梁抗扭钢筋或腰筋搭接焊连接示例

图8-25　锚固板拧入深度不足钢筋丝牙未露出

图8-26　锚固板二次拧紧外露二牙

图8-27　锚固板烧焊固定

4. 主次梁现浇连接部位钢筋绑扎

（1）预制主梁预留后浇段连接

主次梁连接部位主梁后浇部分，如图8-28所示。主梁混凝土断开，侧边腰筋断开，仅底部纵向钢筋连接，在次梁吊装完成后，再安装腰筋、钢筋箍筋以及上部纵向钢筋，钢筋绑扎较为简便。

但主梁混凝土断开，仅下部纵向钢筋连接，虽然断开部位安装有型钢临时固定，但吊运时也易造成后浇部位纵向钢筋提前受拉。

图 8-28　主次梁连接部位主梁现浇

（2）预制次梁预留后浇段连接

预制次梁预留后浇段连接形式，预制主梁截面不变，主梁在交接位置预埋直螺纹套筒（图 8-29），现场拧入搭接钢筋，与预制次梁外伸的钢筋搭接连接（图 8-30），随后绑扎箍筋钢筋、支设模板，最后浇混凝土，完成主次梁连接。

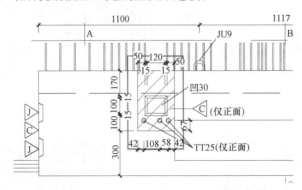

图 8-29　主次梁节点处主梁预埋直螺纹套筒

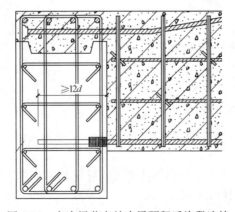

图 8-30　主次梁节点处次梁预留后浇段连接

图 8-31　次梁钢筋搭接长度不够

预制主梁内预埋直螺纹套筒，钢筋接头为一级接头，预埋套筒内垃圾需清理干净防止堵塞，套筒内连接钢筋应在套筒的中间位置连接并顶紧，由于为梁钢筋同截面搭接连接，连接钢筋搭接长度应为 1.6 倍的锚固长度。如图 8-31 所示，搭接长度不满足要求，图 8-32 所示为直螺纹套筒内未拧入钢筋。

（3）梁式阳台钢筋锚固到现浇结构

由于预制梁式阳台伸出钢筋一般预埋在梁柱节点，此处钢筋密集，阳台吊装宜先于内侧梁钢筋绑扎，吊装时注意预制阳台梁伸出钢筋与现浇边缘构件伸出钢筋避让（图 8-33），悬挑梁伸出钢筋按图可用钢筋直螺纹套筒接长（图 8-34）。

图 8-32　直螺纹套筒未拧入钢筋

图 8-33　柱钢筋在梁钢筋外侧

图 8-34　伸出钢筋套筒接长

预制阳台安装后，悬挑梁伸出钢筋高度处暗柱钢筋需加设加密箍筋。放置困难时，可用开口箍筋放置并烧焊连接（图 8-35）。

叠合板式阳台通过阳台叠合板上部钢筋与内侧楼板上排钢筋相连（图 8-36）。

图 8-35　悬挑梁处暗柱需设加密箍筋

图 8-36　叠合板式阳台安装

8.3　与套筒灌浆连接施工配合

采用钢筋套筒灌浆连接的竖向构件，预制剪力墙板吊装前应清除下侧现浇面垃圾及混凝土残渣。采用连通孔灌浆的应按要求设置分仓，分仓的间距不宜小于 1.5m，分仓材料可用专用封堵料或坐浆料，强度应比预制剪力墙强度高一级以上，分仓或吊装后的灌浆缝封堵应在楼层面洒水湿润（图 8-37）。

图 8-37　预制剪力墙下分仓示例

8.4　与模架及脚手架搭设配合

8.4.1　竖向模板支设

竖向构件安装使用的斜支撑较多，影响后续水平构件模板支架安装。如图 8-38 所示，单面叠合剪力墙的支撑埋件，当操作困难时，可能会拆除斜支撑，留下安全隐患。

造成安装与模板支撑干涉的原因，主要在前期深化设计时，未充分考虑实际施工情况，未满足现场施工需求，因此施工单位应参与前期深化设计，对施工相关深化设计点（斜支撑连接件位置、模板拉结件位置）给出建议，选择类型、规格适合现场施工的支撑。

在使用斜支撑与满堂支架的施工现场，预制构件密集部位，如阴角部位，临时支撑相互交错（图 8-39），挤占节点模板支设的操作空间，水平构件临时支撑同时搭设，交叉施工更加不便。

图 8-38　单面叠合墙斜支　　　　　图 8-39　密集斜支撑影响施工便利
撑施工与模板支架干涉

8.4.2　水平模板支设

水平模板主要是在预制构件节点位置，如预制楼板之间拼接部位、预制梁柱等节点部位，起到后浇混凝土模板、拼缝封堵作用（图 8-40、图 8-41）。

图 8-40　叠合板拼接后浇部位模板支设　　　　图 8-41　预应力空心板拼缝吊模施工

8.4.3　梁柱节点处支模要求

梁柱节点处为支模方便，通常在柱梁端部预留模板拉结螺母，预留螺孔位置须保证 3 形卡固定木方所需要的离边距离（图 8-42）。

图 8-42　预制框架梁柱节点支模示例

8.4.4 外脚手架施工

外脚手架作为施工安全防护措施，无论在现浇结构还是装配式结构中都有较为重要的位置，外脚手架施工到操作面以上，形成有效安全围挡。

装配式建筑外脚手架近年来出现了几种新类型。除了传统的落地式脚手架，外挂脚手架、提升脚手架等逐渐在施工现场推广，减少了传统搭设的人力、材料成本，提高了施工效率。

外脚手架搭设、提升由专业的架子工或安装人员操作。

外脚手架作业为构件安装提供了安全保障，同时外脚手架、木工施工也占用了一部分起重量，应协调各专业起重机使用时间，如具体规定使用时间点等。

除了自动提升的外脚手架外，其他类型外脚手架均需要额外起重机械进行提升或吊装材料，落地式脚手架须使用起重机吊装钢管材料到操作面，外挂脚手架附着在下层预制构件上，施工层提升时，须借助起重机械拆除下层外挂脚手架，转移到上层。

外挂脚手架提升时，可将下层外挂架拆下，安装至即将吊装的预制构件上，随构件安装一起提升到施工面，既可减少提升外挂脚手架的高空移动作业风险，也可减少单独提升外挂脚手架的工序（图 8-43）。

落地式脚手架、悬挑式外脚手架施工应设置刚性连墙件，一般采取在现浇楼板处埋设钢管，再通过小横杆连接外脚手架（图 8-44）。但在外墙预

图 8-43 外挂脚手架安装在预制构件上

制的结构中，预埋钢管影响上层构件安装，一般采取在预制外墙拼缝位置处埋设钢筋、扁钢等，后与外架连接的小横杆双面焊接（图 8-45）。

图 8-44 外脚手架钢管扣件连墙件

图 8-45 预埋钢筋连墙件

8.5　与水电管线安装配合

水电管线在预制构件中有相应的开槽、开洞，如卫生间、空调板等。预制构件安装时应核对开洞位置，明确安装方向，避免安装方向错误导致的后期整改。设计时为减少构件单元数量，进行对称、组合等方式设计，应仔细核对水电管线开洞的预制构件深化设计图纸与安装图纸是否匹配，图8-46所示为带水管开洞的预制空调板。

图8-46　带预留孔的预制空调板

另外，水电管线安装对灌浆连接预制构件钢筋连接有较大影响。构件底部连通腔封堵一般在构件安装调节完成后进行，机电手孔处不易封堵，灌浆时手孔位置出现连通腔爆浆现象，而采用较多封堵料封堵时，又可能影响后续机电管线安装。

水电管线手孔与安装、灌浆相互干扰，应避免灌浆时封住水电管口，或在此处机电管线安装完成后再封堵连通腔。管线安装手孔安装时应避免破坏拼缝封堵，若凿除破坏封堵材料，应及时修补。

8.6　与混凝土浇筑配合

8.6.1　竖向拼缝混凝土防漏胶皮

在外叶墙板接缝位置，拼缝宽一般在20mm左右，拼缝较小需要封堵且不能混入硬物，在安装完成后，在外叶板内侧粘贴一道防水胶皮，混凝土浇筑时可防止混凝土漏浆（图8-47）。

8.6.2　水平拼缝防漏封堵

水平预制构件拼缝位置，如预制混凝土叠合板采用密拼时，拼缝也在20mm左右，此时可采用水泥砂浆对拼缝进行封堵，在浇筑叠合层混凝土时，砂浆已经硬化，可起到防渗漏的作用（图8-48）。

图 8-47 竖向拼缝位置防水胶皮

图 8-48 叠合楼板密拼缝封堵

8.7 与防水密封配合

防水密封主要与密封胶材料、打胶环境条件、打胶工艺有关，构件安装影响打胶基材环境，如拼缝构件缺棱掉角、过大过小。

构件缺棱掉角，影响最后防水密封外观效果，在打胶施工前应尽早修补。拼缝过大应采用水泥砂浆或专用封堵料修补至允许宽度，拼缝过小时应对拼缝进行切割扩宽。

构件安装为防水密封提供基础条件，应提升构件安装精度，不仅是单个构件垂直度、标高，还应定期对相邻构件、整层构件安装质量进行校核。

第**9**章

预制构件安装质量验收

9.1 质量验收标准与方法

9.1.1 子分部、分项工程划分

装配整体式混凝土结构中的预制结构部分，应按混凝土结构子分部工程中的装配式结构分项工程进行验收（表 9-1）。现浇结构部分可根据实际情况按混凝土结构子分部工程中的模板、钢筋、预应力、混凝土、现浇结构分项工程进行验收。装配整体式混凝土结构验收的具体要求应符合现行国家标准《混凝土结构工程施工质量验收规范》（GB 50204）等的规定。

装配式混凝土结构子分部分项工程　　　　　　表 9-1

序号	子分部工程	分项工程	主要验收内容
1	混凝土结构	装配式结构分项工程	构件质量证明文件 连接材料、防水材料质量证明文件 预制构件安装、连接、外观
2		模板分项工程	模板安装、模板拆除
3		钢筋分项工程	原材料、钢筋加工、钢筋连接、钢筋安装
4		混凝土分项工程	混凝土质量证明文件 混凝土配合比及强度报告
5		现浇结构分项工程	外观质量、位置及尺寸偏差

9.1.2 检验批

装配式结构分项工程可根据施工、质量控制和专业验收的需要，按楼层、结构缝或施工段等划分检验批。混凝土结构子分部工程中的其他分项工程的检验批的划分应符合现行国家标准《混凝土结构工程施工质量验收规范》（GB 50204）的规定。

检验批的抽样方案、抽样样本、抽样数量应符合现行国家标准《建筑工程施工质量验收统一标准》（GB 50300）的规定。

装配整体式混凝土结构工程施工用的原材料、部品、构配件均应按检验批依次进场验收。

预制构件进场时应检查质量证明文件。应对预制构件外观质量进行全数检查。预制构

158

件外观质量不应有缺陷,对已经出现的严重缺陷,应制定技术处理方案进行处理,并重新检验。出现的一般缺陷应进行修整并达到合格。

9.1.3 预制构件检查验收要求

预制构件生产企业应建立预制构件首件验收制度。以项目为单位,对同类型主要受力构件和异形构件的首个构件,由预制构件生产单位技术负责人组织有关人员验收,明确模具及工装、钢筋及预埋件、混凝土搅拌、浇筑、养护、脱模和存储等是否满足验收要求,并按照规定留存相应的验收资料;验收合格后方可进行批量生产。

预制构件出厂时,生产企业应提供预制构件混凝土强度报告、出厂合格证、检验合格单、预埋配件等证明文件。

预制构件不应有影响结构性能、安装和使用功能的尺寸偏差。对超过尺寸允许偏差且影响结构性能、安装和使用功能的部位,应经原设计单位认可,制定技术处理方案进行处理,并重新检查验收。

预制构件的预埋件、插筋、预留孔的规格、数量应满足设计要求。预制构件的粗糙面或键槽成型质量应满足设计要求。

采用钢筋套筒灌浆连接方式时,预制构件生产前应检查套筒型式检验报告是否合格,应进行钢筋套筒灌浆连接接头抗拉强度试验,并应符合现行行业标准《钢筋套筒灌浆连接应用技术规程》(JGJ 355)的有关规定。

夹心保温墙板的内外叶墙板之间拉结件型号、规格、性能、数量及使用位置应符合设计要求,保温材料类别、厚度、防火等级、保温性能等应满足设计要求。

预制构件表面预贴外保温板、饰面砖、石材时,预贴材料与混凝土的粘结性能应符合设计和国家现行有关标准的规定。粘结强度应符合现行行业标准《建筑工程饰面砖粘结强度检验标准》(JGJ/T 110)和《外墙饰面砖工程施工及验收规程》(JGJ 126)等的有关规定。

9.1.4 预制构件首段安装验收

项目应建立健全预制构件首段安装检查验收制度。正式安装施工前,由建设单位组织设计单位、施工单位、监理单位、预制构件生产单位等共同进行首段安装验收。首段安装应选择具有代表性的单元进行试安装,试安装过程和方法应经参加验收单位和人员共同确认。根据首段安装情况,发现存在的问题,总结经验,为预制构件大面积安装提供指导。

9.1.5 预制构件安装与连接隐蔽验收

现场预制构件安装应按施工技术标准、施工专项方案等组织实施。施工过程中应做到事前策划与预防、事中控制与隐蔽验收、事后检查验收,确保预制构件安装质量符合建筑工程验收标准。

装配式结构采用现浇混凝土连接构件时,构件连接处后浇混凝土的强度应符合设计要求。装配整体式混凝土结构连接节点及叠合构件浇筑混凝土前,装配式混凝土结构连接节点混凝土浇筑前,应进行隐蔽工程验收。隐蔽工程验收应包括下列主要内容:

(1) 混凝土粗糙面的质量,键槽的尺寸、数量、位置;

（2）钢筋的牌号、规格、数量、位置、间距，箍筋弯钩的弯折角度及平直段长度；

（3）钢筋的连接方式、接头位置、接头数量、接头面积百分率、搭接长度、锚固方式及锚固长度；

（4）预埋件、预留管线的规格、数量、位置；

（5）预制混凝土构件接缝处防水、防火等构造做法；

（6）保温拉结件规格、数量、位置及保温层完整性；

（7）其他隐蔽项目。

9.1.6 预制构件安装与连接验收主控项目

（1）预制构件生产前、现场灌浆施工前、工程验收时，应根据现行行业标准《钢筋套筒灌浆连接应用技术规程》（JGJ 355）的规定，对接头型式检验报告或接头匹配检验报告进行检查。

（2）采用钢筋套筒灌浆连接的，应对不同钢筋生产单位的进场钢筋进行接头工艺检验，检验合格后方可进行构件生产。接头工艺检验应符合下列规定：

1）工艺检验应在预制构件生产前及灌浆施工前分别进行。

2）对已完成匹配检验的工程，如现场灌浆施工与匹配检验时的灌浆单位相同，且采用的钢筋相同，可由匹配检验代替工艺检验。

3）工艺检验应模拟施工条件与操作工艺，采用进厂（场）验收合格的灌浆料制作接头试件，并应按接头提供单位提供的作业指导书进行。

（3）预制构件底部接缝封浆料或坐浆料强度应满足设计要求。

检查数量：按批检验，以每层为一检验批；每工作班同一配合比应制作 1 组且每层不应少于 3 组 40mm×40mm×160mm 的试件，标准养护 28d 后进行抗压强度试验。

检验方法：检查封浆料或坐浆料强度试验报告及评定记录。

（4）坐浆料进场时，应对坐浆料拌合物凝结时间、保水率、稠度、2h 稠度损失率及 1d 抗压强度、3d 抗压强度、28d 抗压强度进行检验，检验结果应符合现行行业标准《钢筋套筒灌浆连接应用技术规程》（JGJ 355）的规定。

检查数量：同一成分、同一批号的坐浆料，不超过 50t 为一批。

检验方法：检查质量证明文件和复验报告。

（5）装配式混凝土结构采用后浇混凝土连接时，构件连接处后浇混凝土的强度应符合设计要求。

检查数量：同一配合比混凝土，每工作班且建筑面积不超过 $1000m^2$ 应制作一组标准养护试件，同一楼层应制作不少于 3 组标准养护试件。

检验方法：检查后浇混凝土强度试验报告及评定记录。

（6）叠合剪力墙、空腔预制墙内混凝土的成型质量应全数检查。

（7）钢筋采用机械连接时，其接头质量应符合现行行业标准《钢筋机械连接技术规程》（JGJ 107）的有关规定。

检查数量：应符合现行行业标准《钢筋机械连接技术规程》（JGJ 107）的有关规定。

检验方法：检查钢筋机械连接施工记录及平行加工试件的强度试验报告。

（8）钢筋采用焊接连接时，其焊缝的接头质量应满足设计要求，并应符合现行行业标准《钢筋焊接及验收规程》（JGJ 18）的有关规定。

检查数量：应符合现行行业标准《钢筋焊接及验收规程》（JGJ 18）的有关规定。

检验方法：检查钢筋焊接施工记录及平行加工试件的强度试验报告。

（9）预制构件采用型钢焊接连接时，钢板、焊接材料等连接用材料的进场验收应符合现行国家标准《钢结构工程施工质量验收标准》（GB 50205）的有关规定。

检查数量：应符合现行国家标准《钢结构工程施工质量验收标准》（GB 50205）的有关规定。

检验方法：检查质量证明文件及复验报告。

（10）预制构件采用型钢焊接连接时，焊接材料及焊缝质量应满足设计要求，并应符合现行国家标准《钢结构焊接规范》（GB 50661）和《钢结构工程施工质量验收标准》（GB 50205）的有关规定。

检查数量：全数检查。

检验方法：应符合现行国家标准《钢结构工程施工质量验收标准》（GB 50205）的有关规定。

（11）饰面砖、外保温与预制构件基面的粘结强度应符合现行行业标准《建筑工程饰面砖粘结强度检验标准》（JGJ/T 110）和《外墙面砖工程施工及验收规程》（JGJ 126）的规定。

检查数量：以每 $500m^2$ 同类带饰面砖的预制构件为一检验批，不足 $500m^2$ 应为一检验批；每批抽取一组 3 块板，每块板制取 1 个试样对饰面砖粘结强度进行检验。

检验方法：检查粘结强度检测报告。

（12）外挂墙板的安装连接节点应在封闭前进行检查并记录，节点连接应满足设计要求。

检验数量：全数检查。

检验方法：应符合现行国家标准《钢结构工程施工质量验收标准》（GB 50205）的有关规定。

（13）预制构件临时固定措施应符合设计、专项施工方案和国家现行有关标准的要求。

检验数量：全数检查。

检验方法：观察检查，检查施工方案、施工记录或设计文件。

（14）装配式结构分项工程的外观质量不应有严重缺陷，且不得有影响结构性能和使用功能的尺寸偏差。

检验数量：全数检查。

检验方法：观察、量测；检查处理记录。

9.1.7 预制构件安装与连接验收一般项目

（1）装配式结构分项工程的外观质量不应有一般缺陷。对已经出现的一般缺陷，应按技术处理方案进行处理，并应重新检查验收。

检验数量：全数检查。

检验方法：观察、量测；检查处理记录。

（2）装配式结构分项工程的安装尺寸偏差及检验方法应符合设计要求；当设计无具体

要求时，应符合表9-2、表9-3的规定。

检查数量：按楼层、结构缝或施工段划分检验批。同一检验批内，对梁、柱应抽查构件数量的10%，且不少于3件；对墙、板应抽查具有代表性的自然间数量的10%，且不少于3间；对大空间结构，墙可按相邻轴线间高度5m左右划分检查面，板可按纵、横轴线划分检查面，抽查10%，且均不少于3面。

检验方法：见表9-2、表9-3。

<table>
<tr><td colspan="4">竖向预制构件安装尺寸的允许偏差及检验方法　　　　　　　　表 9-2</td></tr>
</table>

项目		允许偏差（mm）	检验方法
构件中心线对轴线位置	基础	15	经纬仪及尺量
	柱、墙	5	
构件标高	柱、墙	±5	水准仪或拉线、尺量
构件垂直度	柱、墙 ≤6m	5	经纬仪或吊线、尺量
	柱、墙 >6m	10	
相邻构件平整度	柱墙侧面 外露	5	2m靠尺和塞尺量测
	柱墙侧面 不外露	8	
支座、支垫中心位置	柱、墙	10	尺量
墙板接缝	宽度	±3	尺量

<table>
<tr><td colspan="3">水平预制构件安装尺寸的允许偏差及检验方法　　　　　　　　表 9-3</td></tr>
</table>

项目		允许偏差（mm）	检验方法
梁板构件中心线对轴线位置		5	经纬仪及尺量
构件标高	梁、板底面或顶面	±5	水准仪或拉线、尺量
构件倾斜度	梁	5	水准仪或吊线、尺量
相邻构件平整度	梁、板底面 外露	3	2m靠尺和塞尺量测
	梁、板底面 不外露	5	
构件搁置长度	梁、板	±10	尺量
支座、支垫中心位置	梁、板	10	尺量

（3）叠合混凝土结构空腔预制柱现场预留插筋、空腔预制墙水平连接钢筋与竖向连接钢筋，其安装位置、规格、数量、间距、锚固长度等应符合设计要求，且验收时应全数检查。

（4）装配整体式混凝土建筑的饰面外观质量应符合设计要求，并应符合现行国家标准《建筑装饰装修工程质量验收标准》（GB 50210）的有关规定。

检查数量：全数检查。

检验方法：观察、对比量测。

9.1.8　装配整体式混凝土结构施工质量验收

装配整体式混凝土结构施工质量验收合格，应同时符合下列规定：

（1）所含分项工程质量验收应合格。

（2）应有完整的质量控制资料。

（3）观感质量验收应合格。

（4）结构实体检验应满足设计或标准要求。

（5）应参照现行国家标准《建筑工程施工质量验收统一标准》（GB 50300）和《混凝土结构工程施工质量验收规范》（GB 50204），增加检验批、分项、分部验收记录表。

9.1.9 验收不合格处理

装配整体式混凝土结构施工质量不符合要求时，应按下列规定进行处理：

（1）经返工、返修或更换构件、部件的检验批，应重新进行验收。

（2）经有资质的检测单位检测鉴定达到设计要求的检验批，应予以验收。

（3）经有资质的检测单位检测鉴定达不到设计要求，但经原设计单位核算并确认仍可满足结构安全和使用功能的检验批，可予以验收。

（4）经返修或加固处理能够满足结构安全使用要求的分项工程，可根据技术处理方案和协商文件进行验收。

经返修或加固处理仍不能满足安全或重要使用要求的分部工程及单位工程，严禁验收。

9.2 质量验收文件与记录

9.2.1 工程质量验收资料

装配式结构作为混凝土结构子分部工程的一个分项进行验收，应有完整的质量验收资料。装配整体式混凝土结构施工质量验收合格后，应填写施工质量验收记录，并将验收资料存档备案。

装配整体式混凝土结构验收时应提交下列资料：

（1）工程设计文件、预制构件安装施工图和加工制作详图。

（2）预制构件、主要材料及配件的质量证明文件、首件验收记录、进场验收记录、抽样复验报告、结构性能检验报告。

（3）预制构件首段验收记录、安装施工记录。

（4）钢筋套筒灌浆连接型式检验报告或匹配检验报告、工艺检验报告和施工检验记录。

（5）吊装令、吊装记录表及相关资料。

（6）后浇混凝土部位的隐蔽工程检查验收文件。

（7）后浇混凝土、坐浆料强度检测报告。

（8）现浇部分实体检验记录。

（9）重大质量问题处理方案和验收记录。

（10）其他相关文件和记录。

9.2.2　各阶段记录及资料

预制构件安装除应按现行国家标准《混凝土结构工程施工质量验收规范》（GB 50204）的要求提供文件和记录外，尚应按要求分阶段形成相关文件和记录。

1. 施工策划与准备阶段资料

（1）预制装配式结构工程深化设计文件、预制构件安装施工图和加工制作详图。

（2）专项图纸会审记录、设计交底、设计变更。

（3）专项施工方案及交底、技术评审。

（4）首层预留钢筋定位复核验收资料。

（5）安装人员持证上岗证明资料。

2. 混凝土预制构件厂提供资料

（1）原材料成品、半成品、构配件进场验收记录，质保书及检验报告。

（2）灌浆套筒连接接头试件型式检验报告。

（3）灌浆套筒连接接头抗拉强度试验报告和工艺检验报告。

（4）灌浆套筒进厂外观质量、标识、尺寸偏差检验报告。

（5）预制构件试块抗压试验报告及强度的统计评定。

（6）预制构件"首件生产验收"记录。

3. 现场施工资料及记录

（1）简支受弯预制构件结构性能检验报告。

（2）设计有要求进行结构性能检验报告。

（3）预制构件首段安装验收记录。

（4）预制构件吊装令。

（5）预制构件的安装施工记录。

（6）坐浆料施工验收记录。

（7）连接构造节点隐蔽验收记录。

（8）预留预埋验收记录。

（9）后浇混凝土试块抗压强度及统计评定。

（10）剪力墙底部接缝坐浆材料试块抗压强度试验报告及统计评定。

（11）装配式结构分项工程质量验收文件。

（12）重大质量问题的处理方案和验收记录。

（13）装配式工程的其他文件或记录。

4. 预制构件安装安全管理、质量验收相关附表

（1）混凝土预制构件吊索具检查记录（表9-4）。

（2）混凝土预制构件临时支撑安装验收记录（表9-5）。

（3）预制构件吊装令（表9-6）。

（4）混凝土预制构件临时支撑拆除令（表9-7）。

（5）现场混凝土预制构件堆场、货架验收记录（表9-8）。

预制构件安装吊索具检查记录   表 9-4

工程名称：

检查时间			检查人员		
吊索具名称	检查标准			检查结果	
				合格（√）	不合格（×）
钢丝绳	钢丝绳 1 个捻距内断丝数不超过 10%				
	钢丝绳表面磨损量和腐蚀量不超过 40%				
	钢丝绳直径减少不超过 7%				
	钢丝绳应无扭结、死角、硬弯、塑性变形				
	钢丝绳无麻芯脱出等严重变形				
	钢丝绳润滑良好				
	钢丝绳无焊伤、回火色、无接长现象				
卸扣	卸扣表面光滑，不得有毛刺、裂纹、变形				
	卸扣无补焊现象				
	卸扣螺纹旋入时应顺利自如，螺纹必须全部拧入螺口内				
捯链	链条无裂纹、塑性变形				
	吊钩、轮轴无损伤				
	不卡链、转动灵活，不滑链，制动可靠，销子牢固				
	链条磨损不超标（大于 10% 报废）				
	吊钩防滑舌齐全、可靠、磨损不超标				
横梁吊具	无扭曲变形、裂缝、锈蚀严重				
	吊耳无裂痕、焊接部位无裂痕				
	吊耳吊孔磨损减少原尺寸 5%				
通用吊环	表面光滑，不得有毛刺、裂纹、变形				
	无焊痕				
	螺纹旋入构件套筒时应顺利自如，螺纹应能全部拧入				
通用吊耳	焊缝平滑，无夹渣，无裂缝				
	吊孔磨损减少原尺寸 5%				
	旋入构件吊装套筒的螺栓旋入自如，无裂缝				
其他					

处理意见：

项目责任人：

说明：1. 项目部每周检查一次，并收集备案。
      2. 达到报废标准的吊索具严禁使用，且必须移出现场。

预制混凝土构件临时支撑安装验收记录　　　　表 9-5

工程名称：

施工部位			验收时间	
临时支撑名称	验收内容	验收标准		验收结果
预制墙板、柱临时支撑	支撑材料	构件规格尺寸符合方案要求		
		长、短斜支撑杆无裂痕、变形，可调螺纹旋转自如，挂钩开口无变形		
		支撑杆连接件焊接牢固，无裂纹		
	支撑稳定	长、短斜支撑杆安装数量齐全，保护帽旋紧到位		
		支撑杆连接件与墙板预埋螺栓套筒连接牢固		
		长、短斜支撑杆不得用其他材料代替或加长		
预制阳台、空调板临时支撑系统	支撑材料	钢管扣件可调托撑无严重锈蚀、扭曲、变形，无裂纹，严禁使用有打孔、洞的钢管，采用的钢管尺寸偏差符合方案计算要求		
	连接扣件	扣件紧固力矩为45～50N·m		
	杆件间距	大小横杆、立杆纵横向间距符合设计要求，偏差≤50mm，保持横平竖直		
		顶部水平杆至立杆顶部≤200mm，底部扫地杆至立杆底端200mm，立杆不得接长		
	可调托撑和底部垫块	可调托撑螺杆外径与钢管内径间隙≤3mm，可调托撑螺杆伸出钢管顶部≤200mm，顶部应安装型钢		
		立杆底部应安装底座或垫板，木垫板厚度≥50mm，宽度≥150mm，长度应大于两根立杆间距，或用10号槽钢		
	系统稳定性	临时支撑系统与现浇结构是否安装支撑拉结，与预埋拉结件连接牢靠		
预制楼梯临时支撑系统	支撑材料	钢管、扣件、可调托撑及楼梯顶托件无严重锈蚀、扭曲、变形，无裂纹，严禁使用有孔洞的钢管，尺寸偏差符合方案计算要求，扣件紧固力矩为45～50N·m		
	顶托件和可调托撑	顶托件与楼梯预埋螺栓套筒连接紧固，与可调托撑螺栓连接牢固		
		可调托撑螺杆外径与钢管内径间隙≤3mm，可调托撑螺杆伸出钢管顶部≤200mm		
	系统稳定性	沿楼梯平行方向顶部和底部斜向平行杆无缺失，中间纵横水平杆无缺失，立杆底部垫木质垫板或槽钢		

验收意见：

作业班组负责人		项目施工技术负责人	
项目部技术负责人		监理工程师	
其他参加验收人员			

说明：1. 验收部位应写明标准层及所在楼层的部位。
　　　2. 使用过程中，应随时检查支撑系统状态。
　　　3. 验收合格后编号挂牌。

预制构件吊装令 表 9-6

吊装作业单位			吊装作业地点		
吊装方式		吊装作业内容		负责人	监护人

吊装作业期限: 自　年　月　日　时起至　年　月　日　时止	吊装作业人员名单及操作证号	
安全措施: 　吊索具和牵引绳有允许使用的识别标识; 　作业时封闭设置、专人监护; 　临时固定措施按施工方案设置,安全可靠; 　吊装按作业面配备上下指挥; 　安全防护措施或安全警示标志按规范和方案要求设置; 　建筑起重机械信号司索及司机、高处作业等持证上岗; 　安装作业人员按规定佩戴使用安全带、防坠器等劳防用品; 　生命绳和安全带固定点设置,验收挂牌或允许使用的识别标志。 　其他措施:	1	
	2	
	3	
	4	
	5	
	6	
	7	

申办人		技术负责人		签发人		签发日期	年　月　日

混凝土预制构件临时支撑拆除令 表 9-7

工程名称			
拆除部位(楼号/标准层)		申请拆除时间	
临时支撑拆除部位 混凝土强度、灌浆料强度		混凝土强度、灌浆料强度 报告编号	
支撑拆除班组负责人		项目施工负责人	
项目技术负责人			

其他相关人员:

　　经现场检查确认,所安装构件处于安全状态,连接接头已达到设计工作状态,结构已形成稳定结构体系,符合设计要求,现已经具备拆除构件临时支撑系统的条件,可以拆除,现特发此令。
项目经理(签字):

年　月　日

<h2 style="text-align:center">预制混凝土构件堆场、货架验收记录　　　表 9-8</h2>

工程名称				验收日期	年　月　日
验收内容			验收标准		验收结果
预制构件堆场	总平面布置		堆场进出口有无标识和安全警示标牌		
			有无施工便道,是否便于运输吊装		
			能否避免交叉作业		
	堆场设施		堆场应硬化平整、整洁,无污染,排水良好		
			堆场堆放区是否设置隔离围栏		
			是否按品种、规格、吊装顺序分别堆垛		
堆场货架	货架材质		货架材质符合设计要求,有无满足力学计算的相关资料		
			焊缝饱满,无夹渣、虚焊等,符合要求,货架无扭曲变形和裂纹,防腐刷漆合格		
	其他		货架规格尺寸有无标识,应分类放置		
			堆放构件的辅助材料是否备足,如木方、垫块、木模等		

验收意见:

施工负责人		项目技术负责人	
监理工程师		其他参加验收人员	

第10章

预制构件安装常见问题及防治措施

10.1 构件质量问题

10.1.1 预制构件生产常见质量问题

预制构件在生产过程中，由于管理、材料、搬运等因素，会产生各类质量问题。有些质量问题通过修复可以继续使用，有些则会严重影响预制构件安装质量，必须重新生产制作。

预制构件生产常见问题主要包括：

(1) 蒸汽养护引起的裂纹、掉皮、起砂等外观质量缺陷。

(2) 预制混凝土构件存在尺寸、平整度偏差。

(3) 预制混凝土构件缺棱掉角、破损。

(4) 预制混凝土构件表面污染。

(5) 灌浆套筒堵塞。

(6) 夹心保温墙板连接件漏装、松动。

(7) 构件编号等信息丢失、证明资料不齐全。

(8) 构件外伸钢筋长度、位置偏差。

(9) 构件粗糙面不符合要求。

(10) 预埋件位置偏差。

(11) 叠合楼板钢筋桁架下部空间小。

(12) 叠合楼板机电预留线盒外露高度不足。

10.1.2 预制构件生产常见问题原因分析及防治措施

1. 蒸汽养护引起的裂纹、掉皮、起砂等外观质量缺陷

(1) 主要原因：

1) 预制构件生产单位未根据材料、气温等因素制定详细的蒸汽养护方案。

2) 预制混凝土构件在进行蒸汽养护操作前缺少必要的静停时间。

3) 未按照规范严格控制蒸汽养护升温、恒温、降温的持续时间和温度升降速度；停止蒸汽养护拆模前，预制混凝土构件表面与环境温度的温差较大（图 10-1）。

(2) 主要防治措施：

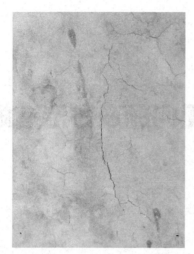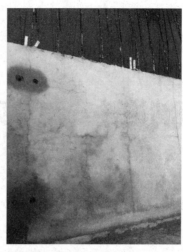

图 10-1　蒸汽养护引起的裂纹、掉皮、起砂

1）预制混凝土构件生产单位应根据材料、天气等因素制度详细的蒸汽养护方案。

2）蒸汽养护应分静停、升温、恒温和降温四个阶段，混凝土全部浇捣完毕后静停时间不宜少于 2h，升温速度不得大于 15℃/h，恒温时最高温度不宜超过 55℃，恒温时间不宜少于 3h，降温速度不宜大于 10℃/h。

3）应在拆模工序中加入温度检测环节，预制混凝土构件停止蒸汽养护拆模前，构件表面与环境温度的温差不宜高于 20℃。

2. 预制混凝土构件存在尺寸、平整度偏差

（1）主要原因：

1）模具底模使用频次过多，未按规范要求进行检修，导致底模表面平整度偏差超过规范要求。

2）模具未安装牢固，尺寸存在偏差，拼缝不严密，安装精度不符合规范要求。

3）作业人员在模具清理环节工作不到位，收光抹面环节抹面精度偏低、次数偏少。

4）拆模措施不规范，导致模具产生翘曲、变形，影响后续构件尺寸精度。

5）预制构件脱模起吊时，混凝土未达到强度要求，导致构件受弯变形。

（2）主要防治措施：

1）模具应定期进行检修，固定模台或移动模台每 6 个月进行一次检修，钢或铝合金型材模具每 3 个月或每周转生产 60 次应进行一次检修，装饰造型衬模每 1 个月或每周转 20 次应进行一次检修。

2）模具应安装牢固、尺寸准确、拼缝严密、不漏浆，精度必须符合设计要求，经检验验收合格后再投入使用。

3）在混凝土浇筑前，应进行详尽的隐蔽工程验收，杜绝模具面存在混凝土残渣未清理现象。

4）预制构件混凝土表面收光抹面次数宜达 3 次，加强收光抹面工序的检查验收。

5）模具的拆除应根据模具结构的特点及拆模顺序进行，严禁使用振动模具、大锤敲打等方式拆模。

6) 预制混凝土构件脱模起吊时间，应根据同条件养护试块强度报告进行。脱模起吊时混凝土强度应满足设计要求，且不应小于 $15N/mm^2$。

7) 加强构件出厂验收检查，预制构件存在有影响结构性能和安装、使用功能的尺寸偏差的，应经原设计单位认可，按技术处理方案进行处理，并重新检查验收。

3. 预制混凝土构件缺棱掉角

（1）主要原因：

1) 混凝土成型振捣不充分，存在漏振现象。

2) 预制构件脱模起吊过早，混凝土强度不满足设计要求。

3) 拆模时未根据模具的结构特点及拆模顺序进行，造成构件破损。

4) 吊点设计不满足平稳起吊的要求，导致构件在起吊过程中起吊不稳，造成磕碰。

5) 构件在搬运、装卸、存放等过程中未采取有效的成品保护措施（图 10-2）。

图 10-2　预制混凝土构件破损

（2）主要防治措施：

1) 提高作业人员的技能，规范振捣作业，确保混凝土成型振捣密实到位。

2) 预制构件脱模起吊时，混凝土同条件试块强度应满足设计要求，且不应小于 $15N/mm^2$。

3) 模具的拆除应根据模具结构的特点及拆模顺序进行，严禁使用振动模具、大锤敲打等方式拆模。

4) 预制构件吊点设置应满足平稳起吊要求，平吊吊运不宜少于 4 个，竖吊吊运不宜少于 2 个且不宜多于 4 个吊点。吊点设计不合理应及时与设计单位沟通，进行吊点增设或位置调整。吊装时宜设置牵引绳辅助就位。

5) 预制构件在装卸、驳运、堆放、出厂运输途中应进行成品保护。构件边角部位或与紧固装置接触部位应采用垫衬保护，构件与刚性搁置点间应塞柔性垫片。

6) 构件高低企口、构件阳角等薄弱部位，应采用定型保护垫块或专用套件加强保护。

4. 预制混凝土构件表面污染

（1）主要原因：

1) 模具组合前，未将模台面、模具、预埋件定位架等部位清理干净。

2) 模具与混凝土接触的表面未均匀涂刷隔离剂。

3）隔离剂涂刷完毕后，混凝土浇筑前，工人施工时随意进入模台面踩踏，留下脚印等污渍（图 10-3）。

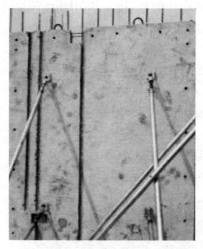

图 10-3　预制混凝土构件表面污染

（2）主要防治措施：

1）模具组合前应对模具和预埋件定位架进行清理。

2）模具与混凝土接触的表面应均匀涂刷隔离剂。

3）施工人员不得在已均匀涂刷隔离剂的模台面、模具表面留下污渍。

5. 灌浆套筒堵塞

（1）主要原因：

1）灌浆套筒安装时未与柱底、墙底模板垂直，或未采用与套筒型号相匹配的固定件固定，造成混凝土振捣时灌浆套筒和连接钢筋移位。

2）与灌浆套筒连接的灌浆管、出浆管定位不准确，或安装松动，混凝土振捣时产生偏移脱落。

3）混凝土浇捣前未认真做隐蔽验收。

4）构件成型后，未对灌浆套筒采取包裹、封盖措施。

5）预制构件出厂前，未对灌浆套筒的灌浆孔和出浆孔进行透光检查（图 10-4）。

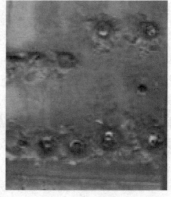

图 10-4　灌浆套筒堵塞

（2）主要防治措施：

1）预制构件钢筋绑扎时，应将灌浆套筒固定在模具上，并应与柱底、墙底模板垂直，采用橡胶环、螺杆等固定件固定，避免混凝土浇筑、振捣时灌浆套筒和连接钢筋移位。

2）与灌浆套筒连接的灌浆管、出浆管应定位准确、安装稳固，并应采取防止混凝土浇筑时向灌浆套筒内漏浆的封堵措施，在隐蔽工程验收环节中进行详细检查。

3）预制构件出厂前，应对灌浆套筒的灌浆孔和出浆孔进行透光检查，并清理灌浆套筒内的杂物。

4）预制构件制作及运输过程中，应对灌浆套筒采取封盖措施（图 10-5）。

图 10-5　灌浆套筒堵塞

6. 夹心保温墙板连接件漏装、松动

（1）主要原因：

1）外叶板混凝土浇筑时坍落度过小，混凝土浆未能完全握裹保温连接件。

2）外叶板混凝土浇筑振捣完成后未及时安装保温连接件，导致混凝土与连接件不能有效形成整体。

3）保温板在铺设前，未提前按设计图纸在保温板上钻孔，导致安装随意，漏装或安装不牢固。

4）进行内叶板模具、钢筋、埋件等材料安装时，方法不当，使已安装完毕的保温连接件松动。

5）生产转运、运输等构件移动过程中存在磕碰，造成保温连接件损坏或脱落。

（2）主要防治措施：

1）从构件生产制作、运输、现场安装，加强施工班组作业前培训，强化质量意识。

2）构件生产时严格控制外叶板混凝土坍落度。

3）采用 FRP 连接时，应预先在保温板上钻孔，在外叶板混凝土初凝前铺设保温板，插入 FRP 连接件至挡板紧贴保温板，随即旋转 90°～180°，确保连接件被外叶板混凝土充分包裹。

4）外叶板浇筑完成后，保温连接件应在混凝土初凝前安装完成，且不宜超过 2h。

5）严禁作业人员在进行内叶板模具、钢筋、埋件等材料安装时，损坏已安装完毕的保温连接件，并应加强此施工环节的检查。

7. 构件编号等信息丢失，证明资料不齐全

（1）主要原因：

1）预制构件编号书写不到位，导致构件标识内容存在缺项。

2）采用水性记号笔、简易二维码贴纸，或其他不稳定材料书写构件标识，搬运存储时易丢失。

3）预制构件成品质量检验环节中，未对预制构件标识进行详尽的检查（图 10-6）。

4）预制构件进场时所需证明资料相关规定不明确。

5）预制构件进场所需质量证明资料，格式不正确或不统一，信息不齐全。

图 10-6　构件编号等信息
丢失、错误

（2）主要防治措施：

1）构件应在脱模起吊至整修堆场或平台时进行标识，标识的内容应包括工程名称、产品名称、型号、编号、生产日期、制作单位和合格章。

2）标识应标注于堆放与安装时容易辨识且不易遮挡的位置，标识的颜色、文字大小和顺序应统一，宜采用喷涂或印章方式制作。

3）对预制构件使用适合电子识别的标识方法，如在混凝土表面嵌入 RFID 芯片。

4）加强预制构件成品质量检验，对预制构件标识进行详细检查，发现问题及时整改。

5）根据行业标准、地方规定、企业制度及项目实际需求，施工前明确预制构件进场应提供的质量证明资料。证明资料缺少不齐的，不予进场验收。

8. 构件外伸钢筋长度、位置偏差

（1）主要原因：

1）钢筋下料、成型尺寸不准确。

2）外伸钢筋安装位置偏差不符合规范要求。

3）模具及配套部件不满足插筋的定位要求。如模具开孔不准确、开孔公用、钢筋定位措施不牢等。

4）混凝土浇筑前未认真做好隐蔽验收。

5）混凝土放料高度过高，未均匀摊铺，振捣器触碰钢筋骨架造成钢筋移位。

（2）主要防治措施：

1）钢筋应准确计算后再下料，成型尺寸应准确。

2）外伸钢筋安装应正确、牢靠，位置偏差应符合规范要求。

3）模具及配套部件应满足插筋的定位要求，推荐使用月牙板及工装定位措施。

4）在混凝土浇筑前，应做好技术复核和隐蔽验收。

5）混凝土浇捣时，堆料高度不应大于 500mm，并应及时均匀摊铺。应根据构件类型，正确选用确定混凝土成型振捣方法，振捣应密实，振动器不应触碰钢筋骨架。

9. 构件粗糙面不符合要求

（1）主要原因：

1）叠合板构件拉毛时间过早或过晚。

2）模具与构件粗糙面混凝土接触的表面未均匀涂刷缓凝剂，或未选用合适的缓凝剂品种。

3）构件脱模后，未及时对粗糙面进行完全冲洗，或冲洗方式、冲洗压力选用不当。

4）模具设计及制作不满足粗糙面要求，粗糙面的面积不足，或凹凸深度不足。

5）未认真检查粗糙面，或检查无有效手段，后期人工凿毛不到位（图10-7）。

图10-7　构件粗糙面不符合要求

（2）主要防治措施：

1）叠合楼板构件应在混凝土即将初凝前进行拉毛，使用铁耙等专用工具。人工操作时，应注意控制拉毛深度与拉毛面积。

2）当使用水洗方法时，混凝土浇筑前，应在模具与构件粗糙面混凝土接触的表面均匀涂刷缓凝剂。构件脱模后，应在规定时间内，及时对粗糙面进行冲洗。水压、冲洗时间等应按要求执行。

3）当使用其他工艺时，按规范要求进行方案设计与落实检查，竖向构件粗糙面凹凸深度不应小于6mm、叠合板构件不少于4mm。

4）若采用硅胶模，拼模或花纹钢板等印花模具制作粗糙面印花模具设计，应根据不同构件粗糙面深度要求进行抑制，柱梁墙板粗糙面凹凸深度不应小于6mm。叠合楼板不应小于4mm，粗糙面的面积不少于结合面的80%，应使用经过处理的花纹钢板，保证凹凸深度。

5）加强构件粗糙面检查，粗糙面的面积小于结合面的80%、凹凸深度小于规范要求时，粗糙面须进行凿毛处理。

10. 预埋件位置偏差

（1）主要原因：

1）预埋件固定措施不牢靠，未与模板或预埋件固定工装架进行可靠连接。

2）预埋件安装位置偏差超过允许偏差范围，混凝土浇筑前未认真进行隐蔽验收。

3）混凝土浇筑时堆料高度过高，未及时均匀摊铺，导致定位工装偏移；或下料冲击力过大，引起定位工装受压偏位。混凝土振捣时振捣器触碰钢筋骨架及预埋件固定工装架造成移位。

4）混凝土浇筑完成后，预埋件固定工装架拆除过早，混凝土强度不足导致预埋件移动偏位，如图10-8所示。

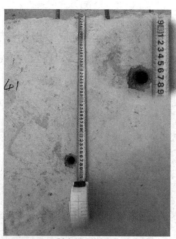

斜支撑预埋件位置偏差

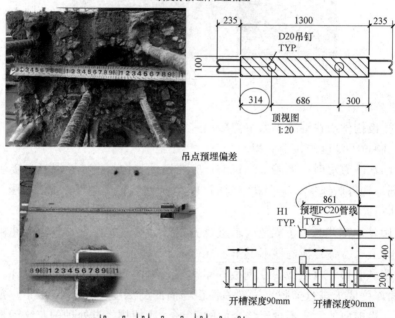

吊点预埋偏差

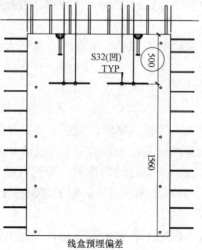

线盒预埋偏差

图 10-8　预埋件位置偏差

（2）主要防治措施：

1）预埋件的数量、规格、位置、安装方式等应符合设计规定，且须与模板或预埋件固定工装架可靠连接。

2）预埋件的安装位置偏差应符合规范要求。在混凝土浇筑前，需认真进行隐蔽工程验收。

3）混凝土堆料高度应小于 500mm，并应及时均匀摊铺。下料时应控制出料口高度和出料速度，减少冲击力。应根据构件类型确定混凝土成型振捣方法，振捣应密实，振动器不应触碰钢筋骨架和预埋件固定工装架。

4）拆除预埋件固定工装架时应确保混凝土已达初凝状态。

11. 叠合楼板钢筋桁架下部空间小

（1）主要原因：

1）预制构件浇捣时，未严格按图纸要求控制混凝土浇筑量，导致标高偏高，叠合板厚度过大。

2）叠合板施工时，保护层控制不到位。保护层垫块选用不正确或未设置，导致钢筋桁架下沉。

3）混凝土振捣方式不规范，混凝土成型振捣过程中，振捣器碰触碰钢筋骨架，影响保护层控制措施，导致钢筋骨架整体下沉。

（2）主要防治措施：

1）预制构件混凝土浇筑前，应进行隐蔽验收，对保护层厚度及控制措施进行检查。

2）混凝土浇筑完成后，及时核对混凝土浇捣数量，复核叠合板厚度，发现混凝土量偏多，桁架下部空间偏小应及时进行调整。

3）混凝土振捣时，振动器不应触碰钢筋骨架。

12. 叠合楼板机电预留线盒外露高度不足

（1）主要原因：

1）深化设计未明确线盒高度，导致预埋线盒出线孔未完全露出。如图 10-9 所示，线管无法安装。

2）叠合板厚度和选用线盒不匹配。

（2）主要防治措施：

1）当预制桁架钢筋叠合楼板厚度 60mm 时，可采用 $H=100mm$ 高脚线盒。

2）当预制桁架钢筋叠合楼板厚度大于 60mm，且无匹配线盒时，可采用局部垫高方式确保线盒出线孔完全外露。

3）线盒四周预留锁母确保线盒四周出线孔外露，如图 10-10 所示。

图 10-9　预制构件线盒预埋有误

图 10-10　线盒四周预留锁母

10.2 预制构件吊装工器具问题

10.2.1 预制构件吊装工器具常见问题

预制构件安装过程中，由于选用的吊装工器具材质、型号规格、维修保养等因素，会使构件安装不顺利，甚至会发生安全事故，危及施工人员安全，所以在施工时应引起高度重视，避免事故的发生。

预制构件吊装工器具常见问题主要包括：

(1) 吊装设备选型或平面布置不合理。

(2) 吊具选用错误。

(3) 吊装用具准备不足。

(4) 吊装起重设备、吊具未进行可靠性检测。

(5) 扁担钢梁选型不合理。

(6) 钢丝绳选配不合理。

(7) 吊装防坠措施不到位。

(8) 卸扣吊钩没有安全保险。

(9) 吊点位置不合理。

10.2.2 预制构件吊装工器具常见问题原因分析及防治措施

1. 吊装设备选型或平面布置不合理

(1) 主要原因：

1) 项目单体比较多，吊装设备布置数量不足。

2) 群塔施工安全限制。

3) 未认真熟悉 PC 图纸，未对预制构件平面布置、重量进行分析。

4) 未认真熟悉吊装设备性能参数。

5) 未根据构件布置及重量复核吊装设备起吊能力。

(2) 主要防治措施：

1) 根据施工进度、施工流程，科学合理布置吊装设备。

2) 吊装设备应按所吊构件最远端、最重等各种最不利工况进行策划、选型和布置。

3) 群塔布置时，通过合理组织施工流程，回转半径交汇时，通过安装高度错开，确保构件吊运安全。

4) 认真熟悉 PC 深化图纸，对每个构件进行位置、重量分析。

5) 复核拟布置的吊装设备不同回转半径的起吊能力，并与拟吊装构件需要进行对比分析。

6) 运用 BIM 等技术进行吊装模拟演示，指导吊装设备选型和平面布置。

2. 吊具选用错误

(1) 主要原因：

1) 选用的吊索具承载力不足。

2）吊索具过短，吊装角度不满足要求。

3）带转角的墙板或凸窗未采用吊装葫芦起吊安装。

4）千斤顶额定起重量或起升高度不满足要求。

5）卸扣承载力不满足要求。

6）扁担梁承载力过小。

（2）主要防治措施：

1）选用的吊索具直径和承载力应根据吊装预制构件的最大重量配置。

2）吊索具长度适当，吊装角度应符合 45°～60°要求。

3）带转角的墙板或凸窗采用吊装葫芦辅助的三点吊。

4）千斤顶应按预制构件的重量选用，并满足起升高度。

5）根据预制构件的重量，计算承载力要求后选用合适的卸扣。

6）根据预制构件的重量，经设计计算后选用扁担梁。

3. 吊装用具准备不足

（1）主要原因：

1）未根据预制构件类型，准备好相应的吊索具。如吊装竖向构件未准备好辅助就位的缆绳。

2）吊索具规格不全，与预制构件不完全匹配，个别构件吊装无法满足。

3）吊索具数量不足或无应急备用材料。

（2）主要防治措施：

1）根据预制构件类型，准备好相应的吊索具。特别是一些辅助性的吊索具。吊装前应认真检查吊索具规格型号和数量，对可能会使用到的吊索具均应提前准备，如吊装带、吊装葫芦、缆风绳、不同长度的钢丝绳、卸扣等。

2）吊装前复核吊索具与预制构件匹配度。

3）根据预制构件吊装和作业面施工需求，准备足够相应的规格吊索具，并备好一定数量的应急器具。

4. 吊装起重设备、吊具未进行可靠性检测

（1）主要原因：

1）吊装人员不熟悉吊装起重设备，吊装用具比较老旧。

2）从其他项目调拨过来的吊装器具没有进行检测检验。

（2）主要防治措施：

1）预制构件吊装之前，应对吊装起重设备、吊索具进行全面可靠性检查和试用。

2）可靠性检测可通过目测检查和试吊检查。目测检查内容主要包括钢丝绳、吊钩、卸扣、钢梁、吊爪等，检查断丝、散丝、锈蚀、破损、开裂、开焊等情况，发现问题应及时更换。

3）定期做好吊索具的维修保养工作。

4）构件正式吊装前，应进行试吊。试吊是对吊装起重设备、吊索具进行全面检查的一种方法，试吊能够真实地检查吊装起重设备和吊索具可靠性。

5. 扁担钢梁选型不合理

（1）主要原因：

1）扁担钢梁选型过小时，易导致构件在起吊过程中发生变形，影响吊装安全。

2）钢梁规格、型号与吊装构件重量不匹配，组成钢梁的钢材性能参数不符合吊装要求。

3）钢丝绳吊点位置选择不合理，导致钢梁下部钢丝绳水平夹角过大。

（2）主要防治措施：

1）钢梁的选用应与吊装的预制构件匹配，做到经济合理、安全可靠。

2）根据吊装预制构件的重量、规格尺寸，严格按钢梁加工图要求的材料组织加工制作，并确保焊接质量。

3）扁担梁型材选用合理，严禁使用过小的扁担起吊。

4）选择正确的吊点，使钢梁下部钢丝绳水平夹角不大于60°。

6. 钢丝绳选配不合理

（1）主要原因：

1）钢丝绳选配过小，导致吊装构件时，钢丝绳断裂。

2）钢丝绳没有及时保养，维修和更换。

3）选择钢丝绳时，没有根据最重构件和最不利工况计算。

（2）主要防治措施：

1）按规范要求及时对钢丝绳进行保养，维修和更换。

2）选择钢丝绳时，应依据施工计算手册，按最重构件选配钢丝绳最小直径。对不同型号钢丝绳，应取不同的不均匀系数。安全系数应符合规范要求。

3）每根钢丝绳的受力应根据吊点数核算，吊装时应严格按设计计算方式吊装，严禁擅自减少吊点起吊。

7. 吊装防坠措施不到位

（1）主要原因：

1）现场吊装竖向构件时，由于某个卸扣没有扣牢靠，或某个吊钉脱落引发安全事故。

2）吊装外墙时没有用到所有吊点。

3）吊装4m以下墙板时，没有穿保护绳。

（2）主要防治措施：

1）外墙应设置4个吊点，起吊过程中必须采用4点起吊。

2）长度小于4m且没有预留门洞口的预制构件，均设置安全绳空洞，起吊时严格按2点起吊，并应穿保护绳。

8. 卸扣吊钩没有安全保险

（1）主要原因：

1）卸扣不能闭锁。

2）存在永久变形，插销不能转动自如。

3）为提高吊装效率，采用吊钩代替卸扣，对卸扣没有进行有效查验。

4）吊钩没有保险扣。

5）保险扣回弹异常。

6）吊钩达到报废指标没有及时报废。

（2）主要防治措施：

1）每次吊装前都应对卸扣吊钩认真检查，外观完好，保险装置完好有效。

2）达到报废标准应立即进行报废处理。

3）吊钩必须有保险扣，且保险扣应完好，回弹正常。

4）卸扣吊钩不超负荷使用，安全系数不低于4～6。

5）预制构件吊运时，轴销必须插好保险销；吊钩保险扣应扣好。

9. 吊点位置不合理

（1）主要原因：

1）吊点设置于箍筋加密区位置，吊点与箍筋发生碰撞（图10-11）。

2）吊点设置在构件受力薄弱部位，缺少相应受力验算（图10-12）。

图10-11　吊钩处箍筋太密　　　　　　图10-12　吊钩设置在薄弱部位且无保险扣

（2）主要防治措施：

1）尽量避免将吊点布置在箍筋加密区。当无法避免时，应充分考虑现场施工条件，合理选择吊具。

2）吊点宜尽量避开薄弱部位设置，当无法避免时，应补充相应受力验算，并采取有效加强措施。

10.3　预制构件安装施工问题

10.3.1　预制构件安装施工常见问题

预制构件安装过程中，由于预制构件管理、安装顺利、安装方法、操作工人技能、现场预留预埋等因素，会使安装不顺利，产生构件本身受到损坏，或者无法继续安装，或者安装精度不符合规范要求，甚至引发安全事故，危及施工人员安全，所以在施工时应引起高度重视，避免事故的发生。

预制构件安装施工常见问题主要包括：

（1）预制构件堆放不规范。

（2）预制构件现场随意开槽开洞导致构件损坏。

（3）现浇转换层预留插筋偏位。

（4）临时斜支撑种类多、规格不匹配。

（5）转角叠合梁临时支撑不合理。

（6）叠合梁板临时支撑搭设不合理、不规范。

（7）拉钩式斜支撑现场安装拉环缺失、偏位。

（8）悬挑构件安装稳定性差。

（9）等高叠合梁相交吊装顺序不合理。

（10）T形边缘构件吊装、钢筋绑扎顺序不合理。

（11）临空竖向构件安装难度大。

（12）搁置式楼梯吊装难度大。

（13）内隔墙板安装反向、不规正。

（14）预制构件安装精度差。

（15）墙板安装不垂直、拼角不规正、校正方法不当。

（16）外挂板外立面不平整、错缝。

（17）PCF构件浇筑时胀模、构件位移。

（18）空调板与预制墙板间隙产生漏浆。

10.3.2 预制构件吊装工器具常见问题原因分析及防治措施

1. 预制构件堆放不规范

（1）主要原因：

1）水平预制构件叠放支点位置不合理，叠合楼板堆放支点垫块未上下对齐，且未设置软垫。构件产生裂缝、损坏。

2）场地有限，现场堆场小，导致构件堆放超过规定层数（图10-13）。

3）堆放架刚度不足，且未固定牢靠，导致构件倾倒。施工现场预制构件堆放场地未硬化，周围没有设置隔离围栏封闭，现场乱堆乱放（图10-14）。

4）工厂未按计划发货，或者构件位置堆放不固定，随处摆放，存放顺序与吊装顺序不一致，导致吊装施工困难。

图10-13 叠合楼板堆放过高

5）构件采用竖向密集堆放，构件伸出钢筋或预埋件相互碰撞，吊装时构件相互磕碰破损。

6）立放构件底部未设置软垫木，导致构件边角破损（图10-15）。

图 10-14　堆场无硬化、竖向构件堆放错误

图 10-15　构件相互之间未采取隔离保护措施

（2）主要防治措施：

1）应根据预制构件类型制定现场堆放方案，竖向构件宜采用立放，水平构件宜采用叠放。

2）构件堆放场地应平整硬化，满足承载要求，堆场周围应设置隔离围栏。当预制构件堆放位于地下室顶板上时，应对顶板的承载力进行验算。不足时，应对顶板进行加固。

3）竖向构件堆放架体，应采用定型化的堆放架，堆放架应具有足够的强度、刚度和稳定性，满足抗倾覆要求，并经验算确定。竖向构件堆放时倾斜角度不应大于80°，避免构件间横杆产生较大弯曲变形，减小竖向构件之间的影响；竖向构件侧边应设置相应编号标志，便于吊装时识别。

4）按规定的堆放层数叠放，叠合板堆放层数不宜超过6层。

5）预制构件堆垛之间应空出宽度不小于0.6m的通道，构件之间应衬垫软质材料，以免磕碰损坏。

6）预制构件堆放位置及顺序，应考虑供货计划和吊装顺序，按照先吊装的竖向构件放置外侧，先吊装的水平构件放置上层的原则进行合理放置。

7）堆放场地有限时，可直接从运输车上完成吊装；或者采用叠合板堆放架，防止底层构件损坏，并进行地基承载力验算。

8）水平构件堆放时，垫块位置应合理。叠合楼板下部搁置点位置应与设计吊顶位置保持一致。叠合楼板垫块位置一般放置在距边 1/5～1/4 的位置，预应力水平构件如预应力双 T 板、预应力空心板堆放时，应根据构件起拱位置放置层间垫块，一般在构件端部放置独立垫块，中部放置垫块时，应避免中间垫块过高，导致产生过长的悬臂，引起构件产生负弯矩裂缝。

9）构件底部应设置软垫木，避免构件边角损坏。

2. 预制构件现场开槽开洞导致构件损坏

（1）主要原因：

1）深化设计时遗漏了相关预留预埋及开洞要求，导致构件制作安装后现场开槽开洞。

2）构件加工图绘制或构件制作时，遗漏了相关预留预埋及开洞要求，导致构件制作安装后现场开槽开洞。

3）现场吊装方向错误导致制作安装后需另行开槽、开洞。

4）厂家错误、现场等原因造成。如预制构件安装完毕后，机电管线施工时发现洞口位置错误，现场开洞以继续施工。

5）施工总承包单位前期施工方案策划不及时，未将施工过程中所需全部预留预埋及开洞需求提供给设计单位，导致现场开凿洞口，破坏了构件、增加施工工期，也提高了现场施工难度。

6）设计变更和施工方案变更，导致原有的预留预埋或开孔无法使用，需另行开槽铺设或开洞施工（图 10-16、图 10-17）。

7）深化设计图缺少悬挑脚手架外伸型钢开洞、外挂脚手架附墙螺杆位置、塔式起重机和人货梯附墙等，导致悬挑脚手架或外挂脚手架施工时，在外墙位置现场开洞。

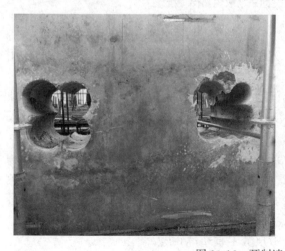

图 10-16　预制墙板现场开洞

（2）主要防治措施：

1）装配式建筑施工时，设计阶段应充分考虑周全，减少设计变更，涉及开槽、开洞的设计变更尽量避免，如机电管线走向变化、点位变更等。

2）装配式建筑施工时，施工总承包单位应提前进行施工策划，方案策划需前置到深化设计阶段，并应将施工阶段所需预留在预埋开洞等需求及时准确地提供给设计，以便施工图全部如实体现、按图加工制作。

3）深化设计图纸应认真校核，加工厂应严格按预留洞留设，发现问题及时联系设计单位。

4）深化设计应在图纸上明确安装方向，构件厂应在加工完毕采用明显标识表明安装方向，现场安装施工中严格按照安装方向安装。

图 10-17　预制墙板现场开槽

5）现场安装施工中，应加强预制构件编号和安装位置管理，防止错放构件，误开孔，特别一些外部尺寸相同仅开洞位置不同的楼板，应特别注意。

3. 现浇转换层预留插筋偏位

转换层钢筋由于现场预留不正确，影响安装质量和进度，更为严重的是由于转换层预留钢筋位置偏差较大，导致构件无法安装，擅自割除预留钢筋；或者转换层预留钢筋过短，直接安装上部预制构件等。这些都会导致安装质量问题，同时也存在较大的结构安全隐患。

（1）主要原因：

1）设计深化图未根据上部预制构件套筒位置，准确绘制插筋定位图，导致施工时发生偏差。

2）设计变更后，构件制作与现场施工未及时沟通，定位插筋图未同步修改，导致现场预留钢筋位置与预制构件灌浆套筒不一致。

3）现场预留插筋放置错误未进行技术复核，或定位偏差过大未采取纠正措施。

4）现场施工预留插筋未采取有效的固定措施，后续施工（如混凝土浇筑）产生扰动，插筋产生移动偏位。

5）预留插筋钢筋定位措施不能满足预制构件安装精度要求，误差较大（图 10-18）。

6）现场预留插筋外伸长度不正确，包括：钢筋下料过长或过短，如未反映梁部位的长度需求；竖向插筋未有效固定，导致混凝土振捣下沉；楼面现浇层混凝土超厚，导致外伸长度不足（图 10-19、图 10-20）。

（2）主要防治措施：

1）深化设计图应正确反映预制构件位置、套筒数量及规格、套筒中心定位等信息。根据构件与套筒信息，正确绘制插筋定位图。插筋定位图应反映钢筋直径、中心定位、外伸长度及现浇段内的埋深长度等。

2）构件设计及加工设计变更时，应及时变更插筋定位图，以便指导现场预留预埋。

3）施工前应认真熟悉定位插筋图，做好转换层预留钢筋的定位测量工作，并严格执行校核复核制度。

图 10-18　预留插筋位置偏差弯折纠偏

图 10-19　钢筋长短不一

图 10-20　反梁部位预埋钢筋长度不足

4）应尽量避免后续施工对插筋的扰动，应待其他工种已完成后、混凝土浇筑之前再定位放置插筋，保证转换层插筋的准确性。

5）应采用安装精度高的钢筋固定措施。插筋间相对位置固定方式推荐使用钢制套板，厚度不应太薄，钢板折边加横肋提高整块钢板刚度。套板中钢筋开孔定位允许偏差不大于 3mm，并应采用支架固定套板，确保套板不移动（图 10-21）。

图 10-21　钢定位套板

4. 临时斜支撑种类多、规格不匹配

（1）主要原因：

1）现场支撑情况复杂，需要多种尺寸支撑杆件；在缺少斜支撑杆件标准的情况下，各施工队伍采用斜支撑不一样（图 10-22）。

2）斜支撑用金属件未按照设计图纸加工制作或租售。

3）斜支撑金属件焊缝、材料、形状与设计图纸不符。

4）斜支撑杆现场随意切割拼接。

5）预埋环制作不符合设计要求（图 10-23、图 10-24）。

图 10-22　斜支撑水平距离不足、斜支撑长度不配套

图 10-23　预埋环过高

图 10-24　预埋环未按图纸制作

（2）主要防治措施：

1）构件深化设计图的支撑杆预埋金属件位置，应与实际施工用杆件尺寸相符，尽量减少现场制作更改杆件。

2）斜支撑系统采用的金属件，应根据设计图要求制作，焊缝等须经过质检。

3）楼板预埋金属件应采用圆钢制作，形状等应符合金属件设计图纸。

5. 转角梁临时支撑稳定性差

（1）主要原因：

1）构件支撑架整体稳定性差，未与主体结构进行有效拉结。

2）构件吊装落位时，梁底支撑无法限制构件水平位移。

3）L形叠合梁端部与现浇剪力墙柱相接时，现浇施工碰撞、振捣宜产生构件倾倒。

（2）主要防治措施：

1）转角梁支撑架体搭设完成后，应与结构进行有效拉结，或者加设斜抛撑，提高整体稳定性。

2）L形叠合梁端部加设侧向限位支撑，或安装加长斜支撑拉结加固，防止叠合梁受碰撞，或现浇混凝土振捣时产生水平位移。

6. 叠合梁板临时支撑搭设不合理、不规范

（1）主要原因：

1）叠合梁支撑立杆平面布置时，未考虑叠合梁构件稳定性和模板安装；未采用适合叠合梁特点的支撑架，搭设固定烦琐，占用操作空间；叠合梁支撑立杆间距不合理，布置过于集中梁中部或梁端部。

2）叠合板立杆间距过大或过小。立杆间距过小，架体空间小，材料使用浪费；立杆间距过大，叠合楼板受力变形或开裂，支撑架体稳定性差，易发生排架失稳导致坍塌。

3）支撑架离墙板柱边间距过大或过小。过小影响模板安装和拆除，过大影响叠合楼板整体稳定性。

（2）主要防治措施：

1）提前策划叠合梁板支撑立杆平面布置，充分考虑构件重量、规格及现浇结构模板安拆要求。

2）叠合梁板支撑立杆间距应通过计算确定，取值应合理，布置应均匀，支撑架整体稳定性好。

3）宜采用适合叠合梁板特点的工具支撑架，如三角独立支撑体系、盘扣体系等，结合叠合梁U形夹具等辅助措施，增加叠合梁安装精度，并确保叠合梁板支撑架的整体稳定性。

7. 拉钩式斜支撑现场安装拉环缺失、偏位

拉钩式斜支撑现场安装拉环缺失、偏位会导致斜支撑无法安装，墙板、柱无法固定。

（1）主要原因：

1）预制柱、预制墙板、叠合板深化设计时遗漏。

2）竖向构件斜支撑布置图中遗漏。

3）构件加工图中遗漏。

4）预制构件制作时遗漏，或预埋发生偏差。

5）深化设计时，预制柱或墙板上的预埋套筒因与其他预留预埋有冲突，调整了位置，但楼板设计没有相应修改；或施工现场未按修改后的图纸位置预埋。

6）楼板上的预埋拉环调整了位置，但预制墙板上的预埋套筒没有调整位置。

（2）主要防治措施：

1）认真复核深化设计图、构件加工图纸，防止遗漏。

2）加强预制构件生产管理，对预留预埋加强验收，防止遗漏和发生偏差。

3）做好现场预留预埋施工，加强隐蔽验收和计算复核，并提高预埋精度。

4）加强深化设计、预制制作和现场施工动态沟通与管理，加强联动机制，做到及时有效沟通。

8. 悬挑构件安装稳定性差

悬挑构件安装时稳定性差，构件受水平力时，易倾倒发生安全事故。

（1）主要原因：

1）悬挑构件落位后，安装构件锚固钢筋未及时固定。

2）悬挑构件支撑稳定性差，搭设不规范。

3）临时支撑顶部横杆未调平、支撑架基础不牢靠。

4）未与室内支撑做有效拉结。

（2）主要防治措施：

1）认真策划悬挑构件支撑架搭设方法，架体基础牢靠，搭设规范，与主体结构做有效拉结，或与楼板支撑架形成一个整体。

2）构件吊装落位时，离支撑架体 500mm 处停顿调整校正，使构件均衡落在支撑架体上。

3）悬挑构件落位后，锚固钢筋及时与楼板面固定钢筋绑扎，或悬挑构件连接锚固钢筋与楼面固定钢筋焊接。

4）构件落位后，在构件与外墙板拼接阴角处加连接件固定，限制构件水平位移。

5）悬挑构件周边设置明显警示标志，以防止堆放重物或重物撞击。

9. 等高叠合梁相交吊装顺序不合理

等高梁交汇处，底筋干涉、吊装顺序错误会导致构件无法安装落位。

（1）主要原因：

1）设计阶段未对梁底筋做避让处理。

2）构件生产时，由于未认真策划，相交的等高梁锚固钢筋相互干涉。

3）安装发生偏差，导致相互影响；或者生产阶段未对叠合梁进行编号，导致现场叠合梁吊装错乱。

4）吊装前没有认真策划，未根据构件锚固钢筋弯折方向编制准确的吊装顺序，吊装顺序不明确，随意吊装。或者未按预定吊装顺序吊装。

（2）主要防治措施：

1）复核设计图纸中叠合梁底筋是否已做好避让处理。

2）生产阶段对叠合梁进行编号，编号后进行二次检查。

3）施工前根据设计图纸中叠合梁编号后吊装顺序建立 BIM 模型，并做钢筋碰撞检查（图 10-25）。

4）吊装前根据构件端部锚固钢筋弯折方向编制正确的吊装顺序。

5）以叠合梁底筋弯锚方向编制叠合梁吊装顺序，一般按叠合梁底筋下锚、直锚、上锚的顺序进行吊装。

图 10-25　预制框架梁吊装模拟

6）三梁交汇处，应先吊梁端下锚钢筋构件，再吊梁端直锚钢筋构件，最后吊梁端上锚钢筋构件。

7）特殊情况下，三梁交汇处有两个构件梁端锚固钢筋上锚，则根据设计上锚距离确定吊装顺序。应在下锚钢筋构件吊装完成后，先吊装上锚钢筋构件，再吊装上调后的上锚钢筋构件。

10. T 形边缘构件吊装、钢筋绑扎顺序不合理

（1）主要原因：

吊装前，如先安装 T 形柱钢筋，T 形柱箍筋和纵筋绑扎后，因预制外墙板有预留的水平分布筋，会导致预制外墙板安装落位困难，如图 10-26 所示。

（2）主要防治措施：

1）先安装外墙板，根据预制外墙板侧面分布筋放置 T 形柱箍筋，再将纵筋插入 T 形柱内后绑扎牢固。严格按以下顺序进行安装施工。

2）T 形柱钢筋安装流程步骤如下：

① 将柱搭接钢筋范围内的箍筋与剪力墙水平封闭箍绑扎，并吊装外墙板。

② 将柱搭接钢筋范围内的剪力墙水平封闭箍插入暗柱内箍筋间，并吊装外墙板。

③ 内墙板吊装。

④ 将剩余的箍筋插入，并与剪力墙水平封闭箍绑扎。

⑤ 插入柱搭接钢筋并绑扎。

图 10-26　先安装柱搭接钢筋导致箍筋无法绑扎

11. 临空竖向构件安装难度大

（1）主要原因：

临空竖向结构主要为跨层墙板，此处楼板缺失，二层墙板安装所需临时支撑固定困难，安装难度大。

（2）主要防治措施：

1）采用定制加长斜支撑八字形固定，在根部采用一字连接件防止构件水平位移。

2）利用两侧墙板固定补强临时支撑。

3）与侧墙板拼接处安装三道 L 形连接件加固，使拼装构件连接成整体。

4）加强施工前的准备和安装过程中的动态管控。

12. 搁置式楼梯吊装难度大

（1）主要原因：

1）楼梯休息平台标高偏差较大，影响梯段安装倾角，易导致楼梯吊装落位时插筋对孔困难。

2）休息平台预留钢筋偏位或梯段安装偏位，也会导致插筋无法顺利锚入灌浆孔，如图 10-27 所示。

（2）主要防治措施：

1）加强休息平台标高检查复核，偏差应控制在预制构件安装精度范围内。

2）复核休息平台预埋插筋位置。

3）复核梯段控制线，确保梯段准确落位，避免错位或偏位大于安装精度要求。

13. 内隔墙板安装反向、不规正

（1）主要原因：

1）内隔墙板构件正反面构造相似，加工制作时未进行标识。

2）吊装前未认真辨识，安装反向，导致水电管线错位或封堵。

3）构件安装时偏位，不规正。

4）隔墙板吊装前，板底未坐浆或坐浆不饱满、不均匀，出现板底通风露缝。

5）后续施工导致构件偏位。

图 10-27　楼梯安装偏差

（2）主要防治措施：

1）预制构件加工制作时应做好正反面标识。

2）吊装前应认真辨识，可根据构件厂标识、开关线盒和钢筋锚固等信息判断构件安装正反面。

3）如安装方向有疑问，应查阅施工图辨识或请现场技术负责人协同辨识。

4）吊装前设置墙板底垫块标高，板底拼缝控制在 2cm 左右，均匀平铺板底坐浆料，坐浆料宜高出垫块 1cm 左右。

5）墙板落位后，轻轻挤压底部坐浆料，使板底拼缝密实。

6）墙板安装完成并位置复核正确后，及时安装斜支撑，拼缝、阴角处应安装 L 形连接件加固，防止墙板受后续施工影响产生偏位。

14. 预制构件安装精度差

（1）主要原因：

1）竖向构件主要问题为垂直度偏差较大、构件间平整度偏差较大、墙板间竖向拼缝过大等；竖向构件调整垂直度主要为人工调整，调整之后未经过构件间平整度复核，如图 10-28 所示。

2）水平构件主要是标高控制不严，构件间发生相对位移；如叠合板安装底部支撑现场采用满堂脚手架支撑，直接采用钢管支撑时标高调整不便。预制阳台等悬挑预制构件安装时，缺少侧向支撑。

3）斜撑锁定螺母未拧紧，混凝土浇捣前未检查复拧。

（2）主要防治措施：

1）水平构件安装时应采用具有标高调整功能的支撑体系，如在钢管顶部设置顶托，

图 10-28 相邻预制墙板高低错位

或采用便于调整标高的独立支撑系统，如图 10-29 所示。

2）悬挑构件安装时，应设置侧向支撑系统，防止构件产生位移。

3）竖向垂直度调整应两人配合调整，一人负责测量垂直度，一人负责调整斜支撑，构件垂直度测量应四点测量两次，或采用自动化支撑工具进行调整；墙板垂直度调整完之后，应对相邻构件平整度进行复核。

4）当垂直度偏差较大时，可采用逐步调整垂直度进行纠偏，逐步调整到正确的垂直度。

5）斜撑锁定螺母应及时拧紧，混凝土浇捣前应再次检查并复拧紧。

图 10-29 独立钢支撑

15. 墙板安装不垂直、拼角不规正、校正方法不当

（1）主要原因：

1）墙板安装后拼接角不规正，有水平角差。

2）墙板安装不垂直，拼缝有大小头，影响外墙拼缝打胶和外立面美观。

3）后续吊装或施工碰撞，导致墙板位移。

4）墙板底部垫块设置不规范，或不平整，导致安装倾斜，垂直度偏差大，拼缝有大小头。

5）墙板安装完成后，未校正垂直度；或校正后斜支撑未锁定，引起松动，导致墙板垂直度偏差大。

6）墙板校正斜支撑安装不规范，校正不到位。因斜支撑在同一构件旋转方向不统一，无法调节墙板垂直度偏差。

（2）主要防治措施：

1）吊装前认真复核构件安装控制线，用 2m 靠尺、塞尺、钢尺等测量工具检测墙板安装位置，控制安装精度。

2) 校正构件正反面垂直度，偏差值大于±5mm 时，应采用撬棍进行墙板位置调整。

3) 垫块放置应规范、合理，标高准确。一般墙板底部垫块布置不少于 3 个，当墙板长度大于 6m 时，设置垫块数量可适当增加，但不得过多。垫块应避开窗洞口下侧、构件不易受反向支撑剪力的部位。

4) 采用靠尺、塞尺等测量工具，检测相邻板块板底高低差，偏差大于 2mm 时应进行调整。

5) 墙板安装完成后，接缝处安装 L 形连接件加固，墙根安装限位件或连接件，防止构件受力产生位移。

6) 用钢尺测量拼缝上下偏差值，并及时校正垂直度。

7) 微调转动斜支撑丝杆，配合撬棍校正垂直度。将旋转方向错误的斜支撑反方向缓慢旋转至墙板垂直度符合要求后，采用 L 形连接件固定。

8) 斜支撑安装规范、统一。加强斜支撑检查、维修和保养，丝扣应润滑，出现滑丝的斜支撑应及时更换。

16. 外挂墙板外立面不平整、错缝

外挂板外立面不平整会导致后续的立面装饰工程质量问题，影响建筑物外观和立面效果。

（1）主要原因：

1) 外挂墙板预制质量较差，外观尺寸误差大，平整度不符合要求。

2) 预制构件在装卸、运输、堆放等环节发生变形。

3) 外挂板安装精度较差，平整度不符合要求，相邻板之间高差过大。

4) 现场现浇部位施工导致外挂板变形。

（2）主要防治措施：

1) 加强预制构件生产质量管理，包括模台平整度检测。

2) 做好构件搬运管理，混凝土强度应满足起吊要求，运输过程中应采取防止变形、破损的保护措施。

3) 预制构件进场应进行检查验收，外观尺寸不符合要求的预制构件应修复后方可使用，无法修复的不得使用。

4) 外挂板安装时应做好测量、安装精度控制，落位后应对其平整度进行检查验收。有偏差应及时按要求校正。

5) 复核外墙板安装标高，检查相邻板高差。有饰面砖的外墙板应通过垫块调整高差，确保面砖缝平直。

17. 单面叠合墙（PCF）浇筑内侧混凝土时胀模

（1）主要原因：

1) 单面叠合墙 PCF 板较薄，一般厚度为 60～70mm，深化设计未考虑设置桁架钢筋做补强，浇筑内侧现浇层混凝土时，PCF 构件易产生弯曲变形。

2) 单面叠合墙一般兼作外模板，与现浇层叠合后组成完整墙体。内侧现浇层模板支设时，须设置对拉螺栓固定。预制构件留设的螺杆洞间距留设过大易导致混凝土浇捣时胀模。

3) 相邻单面叠合墙 PCF 板板连接件未安装或有缺失，限位控制不到位，内侧混凝土

浇筑时，相邻墙板未形成一个整体，受力后易产生胀模。

4）内侧混凝土未分层浇捣，或振捣方式方法不当，导致胀模，如图 10-30 所示。

图 10-30　预制墙板浇
筑时发生位移

（2）主要防治措施：

1）提前进行现场模板施工方案，并充分考虑 PCF 墙板作为模板的侧压力，对拉螺栓直径和间距经受力计算确定。

2）深化设计阶段，应根据现场模板施工方案的需求，综合考虑操作空间、转角部位的竖向避让等因素，做好对拉螺栓洞口的预留预埋。

3）现场施工时，严格按设计图纸进行 PCF 板板连接，并纳入隐蔽验收内容，如图 10-31 所示。

4）现浇层模板安装时严格按对拉螺栓位置和数量固定。混凝土应分层浇捣，选择适当的振捣器具和振捣方法，应均匀居中振捣，严防振捣时碰墙板和模板。

18. 预制墙板与空调板间隙产生漏浆

（1）主要原因：

1）预制构件加工制作尺寸偏差较大。

2）预制墙板或空调板安装偏差较大。

图 10-31　单面叠合墙板板连接固定

3）空调板与墙板交接的四周槽口未按要求嵌填防水密封浆料。

4）四周槽口嵌填防水密封浆料不密实。

（2）主要防治措施：

1）加强预制构件制作尺寸控制和检查验算。

2）做好预制构件安装精度控制和技术复核。

3）空调板安装时，底部应加设支撑，待现浇混凝土达到 100％设计强度后方可拆除；空调板与墙板交接的四周槽口应嵌填防水密封浆料。

4）防水密封浆料嵌填应密实。

第11章

预制构件安装从业人员要求

11.1 岗位职责与要求

预制构件安装从业人员，系指在施工现场按照设计图纸、构件装配工艺和检验标准，使用工具及设备完成预制混凝土构件装配过程中的吊装准备、引导就位、安装校正和临时支撑搭设等工作的施工作业人员。

预制构件安装从业人员应进行专项技能培训、理论知识学习，并经考核合格后持证上岗。

施工作业人员应能熟练运用基本技能，独立完成职责范围内的常规工作，包括但不限于按照预制构件安装工艺和检验标准，使用工具及设备完成预制构件进场验收、预制构件吊装就位、临时支撑搭设、预制构件校正和检验等工作。

11.2 职业道德与素养

（1）遵守法律法规和相关规章制度。

（2）安装作业操作规范，杜绝违章作业行为。

（3）服从现场管理统一指挥，严格按照工艺流程和要求操作，确保质量安全。

（4）构件安装作业人员男性年龄不宜超过55周岁，且不得大于60周岁，并应具备良好的身体素质。

（5）进入施工现场，须正确佩戴安全帽。构件安装作业时应系好安全带等安全防护用具。

（6）爱岗敬业，有强烈的责任心。

（7）接受继续教育，努力提高理论和实操技能水平。

（8）有团队合作精神，服从项目大局，能与其他作业工种进行有效配合。

11.3 理论知识与技能要求

预制构件安装从业人员的职业技能分为理论知识和操作技能两个模块，从业人员必须掌握装配式混凝土建筑构件安装的相关知识，包括：

（1）能正确识读装配式深化图。

(2) 能进行场地及设备的检查。

(3) 能进行吊索具、工器具选用和安全检查。

(4) 熟悉各类预制构件的堆放要求。

(5) 能对构件进行吊装前复核。

(6) 了解各类预制构件的成品保护措施。

(7) 熟悉预制柱、梁、墙、楼板等常见构件的吊装方法和吊装流程。

(8) 能正确安装和拆除临时支撑。

(9) 掌握预制构件安装质量标准，能检查构件常见安装问题并能有效校正。

11.3.1 理论知识

预制构件安装从业人员应了解相关法律法规与标准，具备识图、材料、工具设备、构件装配技术、灌浆分仓技术、施工组织管理、质量检查、安全文明施工、信息技术与行业动态的相关知识。

1. 法律法规与标准

(1) 了解建设行业相关的法律法规。

(2) 了解与本工种相关的国家、行业和地方标准。

2. 识图

(1) 熟悉建筑制图基础知识。

(2) 熟悉构件装配施工图识图知识。

(3) 熟悉建筑、结构、安装施工图识图知识。

(4) 熟悉支撑布置图识图知识。

(5) 熟悉构件安装及流程作业示意图识图知识。

3. 材料

(1) 了解预制构件的力学性能及进场验收标准。

(2) 熟悉支撑及限位装置的种类、规格等基础知识。

(3) 熟悉构件堆放知识。

(4) 熟悉构件堆放期间及安装后的保护知识。

(5) 熟悉构件安装相关工序的成品保护知识。

(6) 熟悉预制构件产品保护知识，包括灌浆套筒注浆孔、出浆孔的保护等。

4. 工具设备

(1) 熟悉构件起吊常用器具的种类、规格、基本功能、适用范围及操作规程。

(2) 熟悉构件装配常用的机具种类、规格、基本功能、适用范围及操作规程。

(3) 熟悉各类支撑架的维护及保养知识。

(4) 熟悉起重机械基础知识。

(5) 熟悉构件安装质量检测工具的种类、基本功能及使用方法。

5. 构件安装技术

(1) 熟悉测量放线基础知识及操作要求。

(2) 了解构件进场验收。

(3) 了解构件吊点选取基础知识。

(4) 掌握构件装配前的准备工作。

(5) 熟悉构件装配的自然环境要求。

(6) 熟悉构件装配的工作面要求。

(7) 熟悉构件装配的基本程序。

(8) 熟悉预埋件、限位装置等的预留预埋。

(9) 熟悉构件就位的程序及复核方法。

(10) 熟悉构件连接基本要求，包括构件分仓、封堵基本要求。

(11) 熟悉支撑与限位装置的搭设及拆除知识。

(12) 熟悉支撑与限位装置复核方法。

(13) 了解支撑与限位装置受力变形及倾覆知识。

(14) 熟悉构件安装与现场施工之间的配合要求。

(15) 了解预制墙板灌浆分区基本要求和方法。

(16) 了解灌浆封堵的基本要求和方法。

6. 施工组织管理

(1) 了解进度管理基础知识。

(2) 了解质量管理基础知识。

(3) 了解安全管理基础知识。

7. 质量检查

(1) 熟悉构件安装自检内容、方法及验收标准。

(2) 了解构件安装的质量验收与评价。

(3) 了解构件安装质量问题的处理方法。

(4) 熟悉构件安装基层质量标准要求。

8. 安全文明施工

(1) 熟悉安全生产常识、安全生产操作规程。

(2) 掌握安全事故的处理程序。

(3) 掌握突发事故的处理程序。

(4) 熟悉文明施工与环境保护基础知识。

(5) 掌握职业健康基础知识。

(6) 熟悉现场施工用电、消防安全基础知识。

(7) 熟悉现场高处作业安全基层知识。

9. 信息技术与行业动态

(1) 了解装配式建筑信息技术的相关知识。

(2) 了解装配式混凝土建筑发展动态和趋势。

(3) 熟悉构件安装工程前后工序相关知识。

11.3.2 操作技能

预制构件安装从业人员应具备构件进场、施工准备、预留预埋、构件就位、临时支撑
搭拆、节点连接、分仓与接缝封堵、施工检查及成品保护等相关技能。

1. 构件进场

(1) 能够进行构件进场实体检查。

(2) 能够进行构件堆放。

(3) 能够进行构件挂钩及试吊辅助。

2. 施工准备

(1) 能够根据图纸及构件标识正确识别构件的类型、尺寸和位置。

(2) 能够按构件装配顺序清点构件。

(3) 能够准备和检查构件装配所需的机具和工具、支撑架及辅料。

(4) 能够按构件安装要求清理工作面。

(5) 能够使用工具清洁接缝表面污染物。

(6) 能够使用工具遮住接口周边表面。

3. 预留预埋

(1) 能够按设计及施工要求进行构件、预埋件和限位装置的测量放线。

(2) 能够按设计及施工要求进行预埋件、限位装置等的预留预埋。

4. 构件就位

(1) 能够进行预埋件与构件预留孔洞的对位。

(2) 能够协助构件吊落至指定位置。

(3) 能够复核并校正构件的安装偏差。

5. 临时支撑搭拆

(1) 能够按施工要求搭设斜支撑、独立支撑、满堂支撑等。

(2) 能够复核并校正斜支撑等临时支撑的位置。

(3) 能够完成临时支撑拆除作业。

6. 节点连接

(1) 能够按套筒灌浆连接要求处理连接工作面。

(2) 能够根据灌浆要求进行分仓。

(3) 能够对灌浆接缝边沿进行封堵。

7. 施工检查

(1) 能够对现场的材料和机具进行清理、归档和存放。

(2) 能够对构件安装进行质量自检。

8. 成品保护

(1) 能够对前道工序的成果进行成品保护。

(2) 能够对堆放的构件进行包裹、覆盖。

(3) 能够对构件安装完成的成品进行保护。

11.4 职业健康及安全防护

与普通建筑施工相比，装配式建筑施工现场有一定的特殊性，由此导致施工中的安全隐患问题也有其显著的特点，形成装配式建筑施工现场特有的安全管理问题。

装配式建筑预制构件安装，涉及构件吊装作业、高空作业多、场地与道路布置的安全、起重机等设备安全以及吊索吊具设计安全等。装配式建筑工程施工现场各个环节的安全操作规程，应根据这些环节作业的特点和国家有关标准、规定来制定。与预制构件安装相关的主要安全操作规程如下：

（1）预制构件装卸和运输安全操作规程。

（2）预制构件翻转安全操作规程。

（3）预制构件吊装安全操作规程。

（4）临时支撑安拆安全操作规程。

（5）后浇混凝土模板施工安全操作规程。

（6）钢筋施工安全操作规程。

（7）现场焊接安全操作规程。

（8）接缝封堵及分仓安全操作规程等。

11.5 继续教育

构件安装从业人员每两年应进行继续教育学习、技能再培训学习，可以通过知识讲座、理论考核结合实操演示、实操考核等形式进行。行业新工艺、新材料、新设备、新技术、新要求、新标准等，均应纳入继续培训内容，以保证构件安装安全顺利进行，保证安装质量，促进装配式建筑良性发展。

参 考 文 献

[1] 建筑施工扣件式钢管脚手架安全技术规范（JGJ 130—2011）[S].

[2] 建筑施工脚手架安全技术统一标准（GB 51210—2016）[S].

[3] 郭学明. 装配式混凝土建筑施工安装 200 问 [M]. 北京：机械工业出版社，2018.

[4] 郭学明. 装配式混凝土结构建筑的设计、制作与施工 [M]. 北京：机械工业出版社，2017.

[5] 上海市建设工程安全质量监督总站，上海市建设协会. 装配式混凝土建筑常见问题质量防治手册 [M]. 上海：中国建筑工业出版社，2020.

[6] 时春霞，潘峰. 双面叠合剪力墙结构体系的设计与施工关键技术 [J]. 建筑施工，2020（10）：1853-1854，1875.

[7] 王晓峰，赵勇，高志强. 预应力混凝土双 T 板的应用及相关技术问题 [J]. 第二届建筑工业化技术论坛会刊，预制混凝土构件分会，2012，4.

[8] 中南建筑设计院股份有限公司等. 建筑工程设计文件编制深度规定（2016 年版）[M]. 北京：中国建材工业出版社，2017.

[9] 李营，叶汉河等. 装配式混凝土建筑—构件工艺设计与制作 200 问 [M]. 北京：机械工业出版社，2018.

[10] 王炳洪，王俊等. 装配式混凝土建筑—设计问题分析与对策 [M]. 北京：机械工业出版社，2020.

[11] 住房和城乡建设部住宅产业化促进中心. 大力推广装配式建筑必读——技术·标准·成本与效益 [M]. 北京：中国建筑工业出版社，2016.